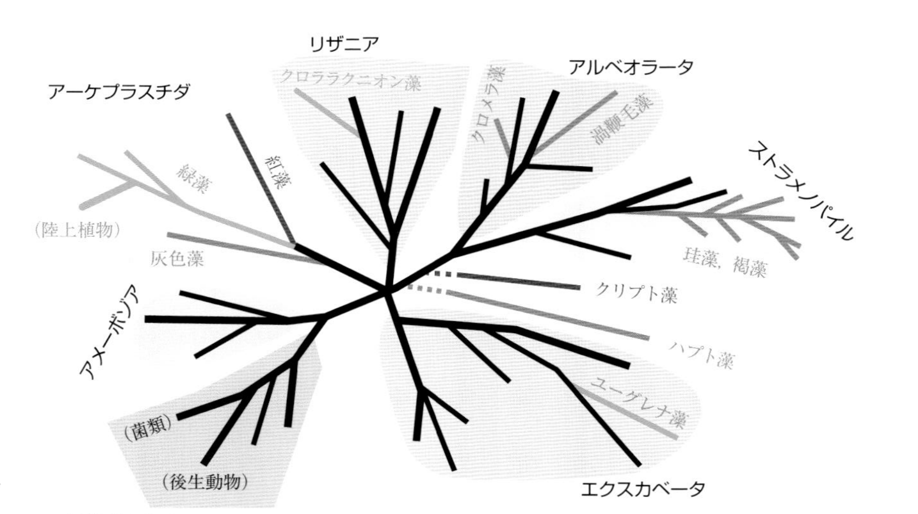

口絵1　真核生物を構成する大系統群

ラン細菌類を除く真核生物の植物プランクトンは多岐の系統群にわたり，オピストコンタとアメーボゾアを除くすべての系統群に含まれる。緑藻類は陸上植物と近い狭義の植物，アーケプラスチダ（もしくはプランテ）に，珪藻類はストラメノパイル，渦鞭毛藻類はアルベオラータと原生生物に近い系統群に含まれる。クリプト藻やハプト藻はいまだ所属不明として扱われる（河地 他，2019 を改変）。図 1.1 参照。

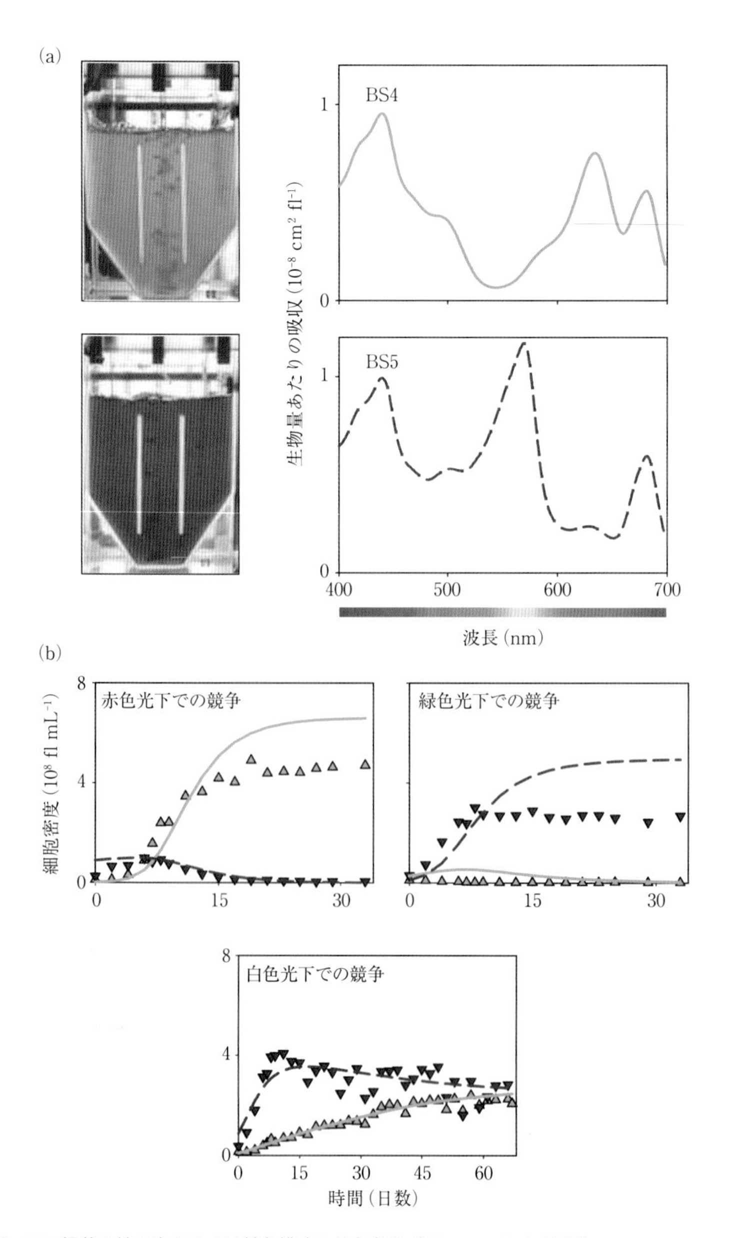

口絵 2　ラン細菌 2 株の光をめぐる競争排除と共存条件（Stomp *et al.*, 2004）

(a) 小型ラン細菌の 2 株（BS4 と BS5）では，光の吸収波長が異なる。BS4 は赤色光（650 nm）を吸収し，緑色光は吸収しないため，培養液は緑色に見える（上段）。一方，BS5 は緑色光（570 nm）を吸収し，赤色光は吸収しないため，赤色に見える（下段）。

(b) 赤色光で培養すると BS4（実線：緑）が優占し，緑色光で培養すると BS5（点線：赤）が優占する（上段）。白色光で培養すると両種とも同じ程度に増え，共存が可能となる（下段）。図 1.4 参照。

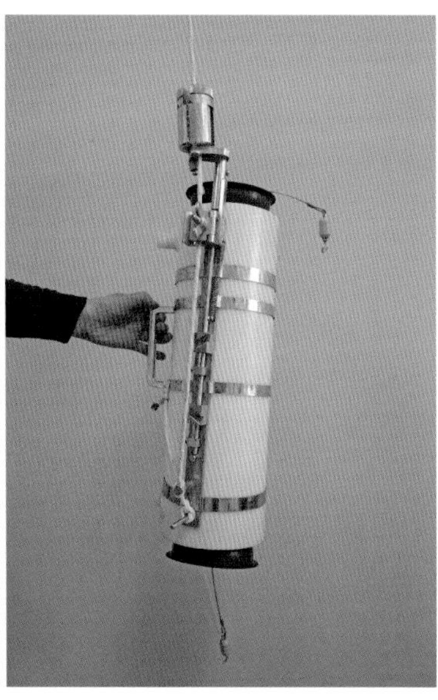

口絵 3　バンドーン採水器（Van Dorn sampler）
上下のゴム蓋をセットし（左図），任意の深さまで降ろし，ロープにくくりつけたメッセンジャーを落とすと蓋がしまる（右図）。図 2.1 参照。

口絵 4　深度積分型採水器（integrating water sampler）（Hydro-bios 社）
採水器を特定の深度まで沈めた後，一定速度で引き上げると，各深度で一定量ずつ採水した混合試料を採取することができる。図 2.2 参照。

口絵 5　プランクトンネット（plankton net）

(a) 様々な目合いのプランクトンネット。上にメッセンジャーで閉められる蓋がついていて，一定深度の試料を採取できるものもある。(b) 濾水計をつけると，回転数から通過した水量を計算し，定量的な密度推定が可能になる。(c) 典型的なプランクトンネット。底管はアクリル管・ゴムチューブ型でピンチコックで閉める。(d) 底管が金属製でコックで開閉するタイプもある（仲田，2015）。上が開いた状態，下が閉じた状態。図 2.4 参照。

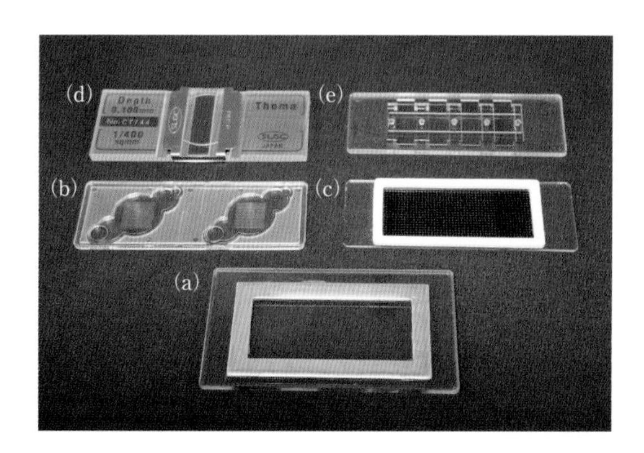

口絵 6　植物プランクトンの計数に用いられる計数板

(a) セジウィック・ラフターチャンバー（Sedgwick-Rafter chamber）（離合社）。試料は 1 mL 入る。

(b) プランクトン計数板。試料は 0.1 mL 入る。計数部分が洗いにくいため，使い捨てる。

(c) 界線スライドガラス（松波社）。試料は 1 mL 入る。枠がないものもある。

(d) 血球計数盤（Thoma）。試料は 0.0001 mL 入る。

(e) 血球計数盤（Thoma）。使い捨て用。

図 3.1 参照。

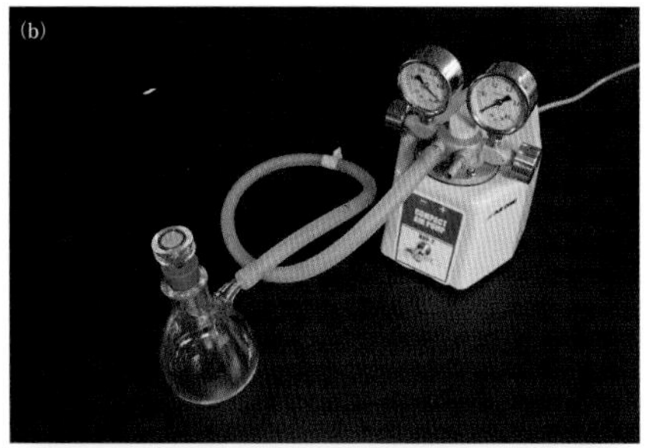

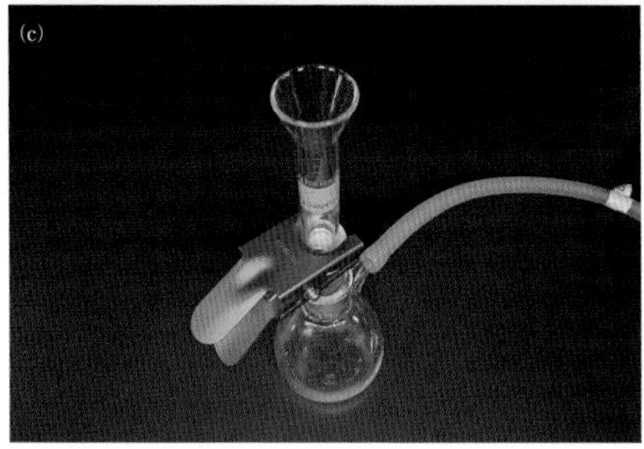

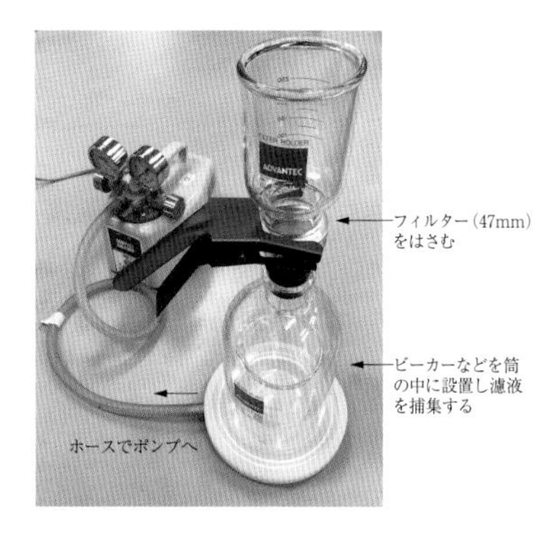

口絵 7　濾過器を用いた蛍光顕微鏡観察用試料の作成

(b) 濾過には専用の濾過器 (Advantec など) を用いる。吸引ポンプは，圧が調整できるものがよい。濾過器はフィルター紙を挟む前の状態。(c) フィルター紙をのせクリップで挟んだ後。図 3.10 参照。

口絵 8　クロロフィルの濾過

ガラス繊維フィルター (GF/F) 47 mm で植物プランクトンを捕集する。図 3.10 と同様の仕組み。フィルターを通り抜けた濾液はフラスコなどで捕集し，栄養塩の分析に用いる。図 4.1 参照。

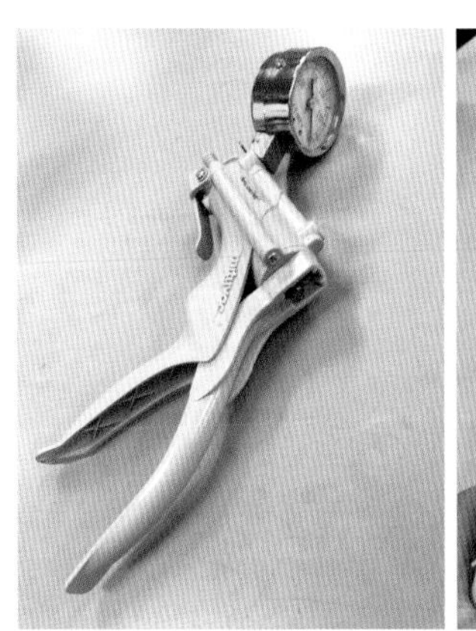

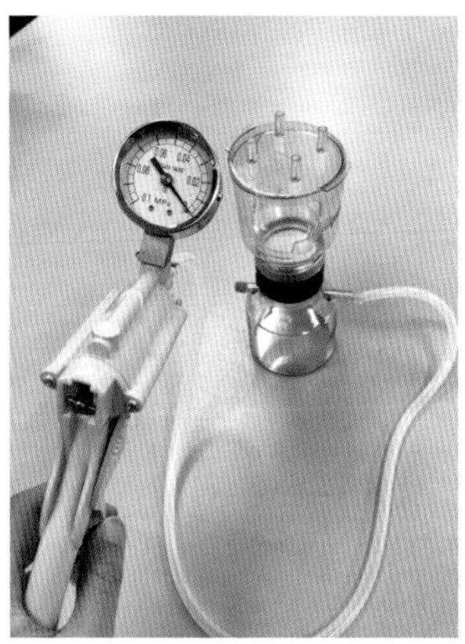

口絵 9　ハンドポンプ（ナルゲン社製）

図 4.4 参照。

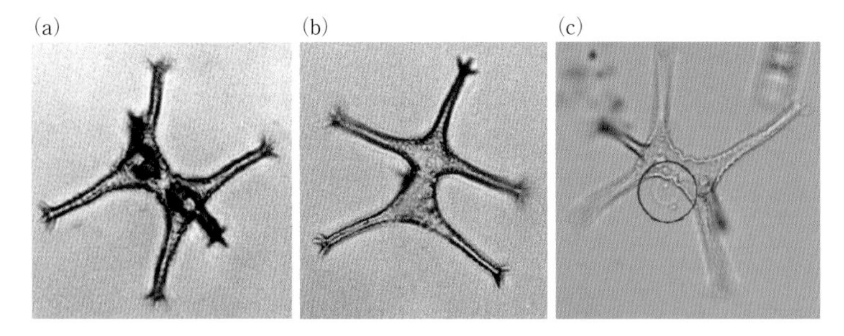

口絵 10　緑藻 *Staurastrum dorsidentiferum* の生きた細胞と死んだ殻

琵琶湖で設置したセディメントトラップには緑藻 *Staurastrum dorsidentiferum* の生きた細胞（a）よりも細胞質が抜けた殻（b）が多く捕集された。(c) 殻には寄生性菌類であるツボカビの胞子体の殻（赤丸で囲んだ部分）が付着していた（第 10 章参照)。図 6.4 参照。

口絵 11　プランクトンレースの様子

ドイツの研究所 IGB-Berlin において 2016 年 6 月の研究所公開日に行ったプランクトンレースの様子である。(a) カラーモールに，プラスチックや木でできたビーズ，金属ネジ，ストローなど通し，自由自在に形を作る。(b) 各自のプランクトンを水柱に一斉にいれレースを行う。(c) 一番ゆっくりと沈んだプランクトンが勝ち，完全に浮くプランクトンは失格となる。Box 6.1 参照。

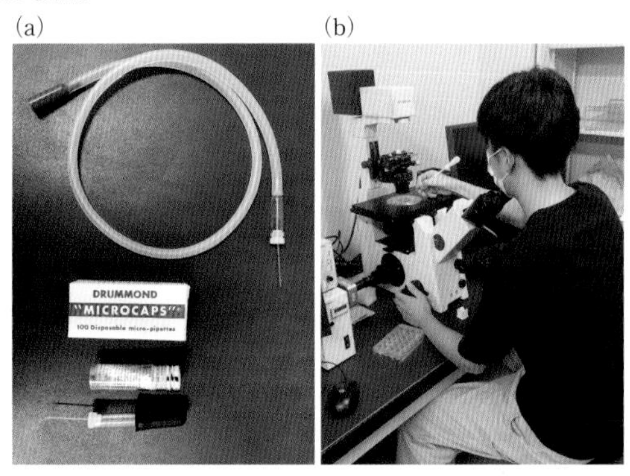

口絵 12　単離に便利なピペット（Microcaps)，単離の様子

(a) 様々な孔径（0.1〜1 mm）のガラス管を購入・装着できる。ピペットにゴム管を装着すれば，片側（赤いキャップ付き）を口に加えることで，細胞の吸い取り吐き出しを口で調整できる（マウスピペッティングとも呼ばれる)。ニップルを用いてスポイトのように扱うこともできる。(b) キャピラリーを用いて倒立顕微鏡で単離する様子。図 7.4 参照。

(a)

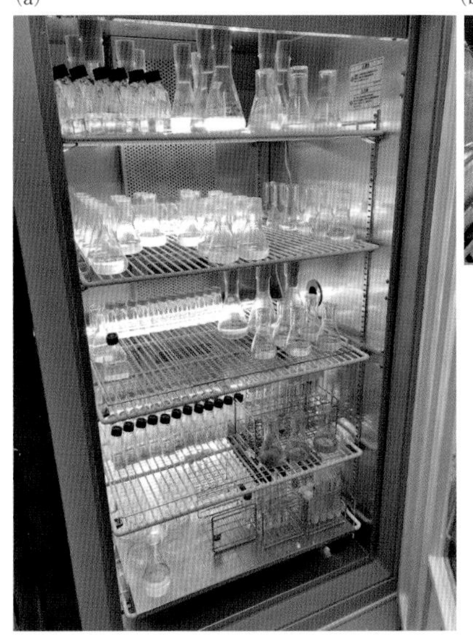

(b)

口絵 13　インキュベーターでの培養の様子

(a) LED 光源を用いてインキュベーター（PHC 社 MIR-554）で様々な藻類を培養している。
(b) 250 ml フラスコでの培養の様子。図 7.6 参照。

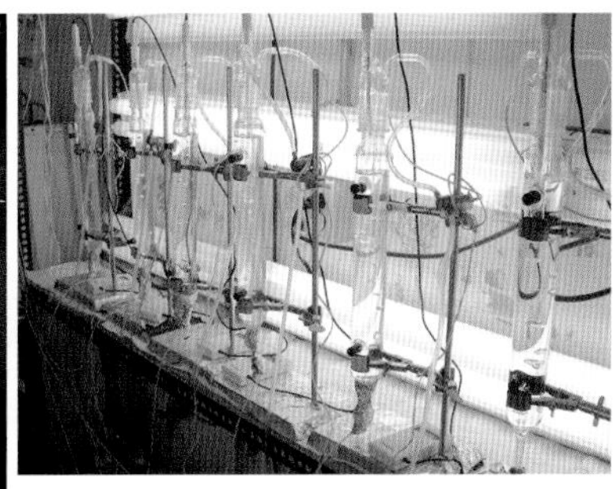

口絵 14　ケモスタット（連続培養）の様子

培養容器の下から培地を加え空気と一緒に送り込み，上から増えた藻類を含む培養液を除く（吉田丈人氏提供）。図 7.8 参照。

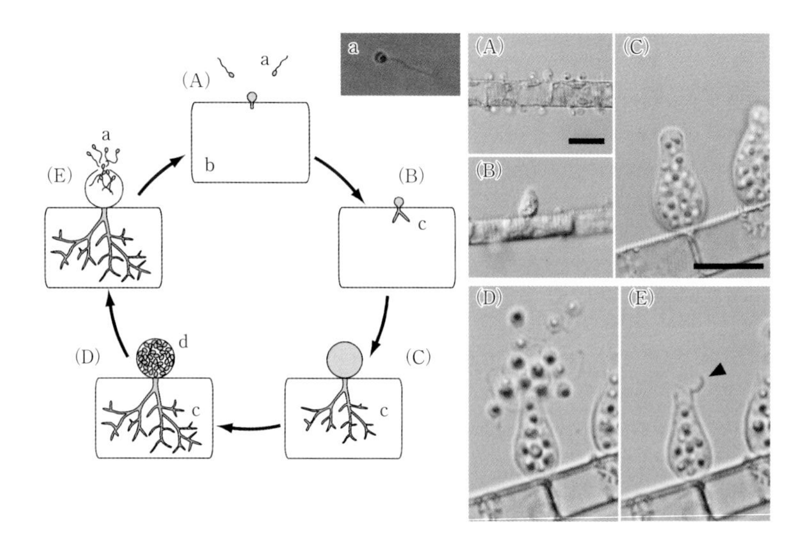

口絵 15　藻類寄生性ツボカビの無性生活環（稲葉 他，2011，Seto *et al.*, 2017 より改変）

無性生殖では（A）から（E）の段階を繰り返す。有性生殖を行う種もいる。左の絵：（A）遊走子（a）が宿主細胞（b）に定着，（B）遊走子の発芽，（C）仮根（c）の伸長・菌体の成長，（D）遊走子嚢（d）内部での遊走子形成，（E）遊走子の放出。写真は珪藻 *Aulacoseira ambigua* に寄生するツボカビ *Zygorhizidium aff. melosirae*（KS94）の顕微鏡写真（スケールは 10 μm）。（A）遊走子が宿主細胞に定着，（B）遊走子の発芽，（C）遊走子嚢内部での遊走子形成。（D）遊走子の放出。（E）蓋（矢印）は遊走子を放出後にとれる。蓋の有無（有弁か無弁か）は分類するうえで重要な特徴である。図 10.3 参照。

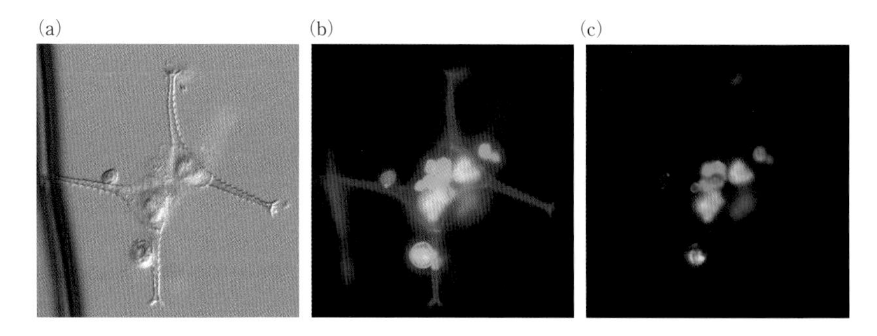

口絵 16　琵琶湖の緑藻 *Staurastrum* に付着する真菌類を蛍光染色したもの

試料は琵琶湖北湖で採取し 70% エタノールで固定したもの。0.1% カルコフルオロホワイト（calcofluor white）と 0.1% WGA（wheat germ agglutinin）で二重染色後，蛍光顕微鏡にて観察撮影（Carl Zeiss Axio Imager 2）。(a) 微分干渉，(b) UV 励起光下（フィルター名 DAPI）で青白く光るものがツボカビなど菌体。宿主の細胞壁も青く光っている。細胞質は自家蛍光で赤く光る，(c) 青色励起光（フィルター名 EGFP）下で緑色に光るものが菌体。宿主の細胞質はオレンジ色に光る。図 10.5 参照。

生態学フィールド調査法シリーズ

11

占部城太郎
日浦　勉　　編
辻　和希

植物プランクトン研究法

鏡味麻衣子　著

共立出版

本シリーズの刊行にあたって

錯綜する自然現象を紐解き，もの言わぬ生物の声に耳を傾けるためには，そこに棲む生物から可能な限り多くの，そして正確な情報を抽出する必要がある。21 世紀に入り，化学分析，遺伝情報，統計解析など，生態学が利用できる質の高いツールが加速度的に増加した。このようなツールの進展にともなって，野外調査方法も発展し，今まで入手できなかった情報や，精度の高いデータが取得できるようになりつつある。しかし，特別な知識や技術をもちあわせたごく限られた研究者が見る世界はほんの断片的なものであり，その向こうにはまだまだ未知な領域が広がっている。さまざまな生物と共有している私たちが住む世界，その知識と理解を一層押し広げていくためには，だれでも適切なフィールド調査が行えることが望ましい。

本シリーズはこのような要請に応えて，野外科学，特に生態学が対象とする個体から生態系に至る多様な現象を深く捉え，正しく理解していくための最新のフィールド調査方法やそのための分析・解析手法を，一般に広く敷衍することを目的に企画された。

最新で質の高いデータを得るための調査手法は，世界の研究フロントで活躍している研究者が行っている。そこで執筆は，実際に最新の手法で野外調査を行い，国際的にも活躍しているエキスパートにお願いした。

地球環境変化や地域における自然の保全など，生態学への期待は年々大きくなっている。今や，フィールド調査は限られた研究者だけが行うのではなく，社会で広く実施されるようになった。このため本書は，これから研究を始める学生や研究者だけでなく，コンサルタント業務や行政でフィールド調査に携わる技術者，中学校・高等学校で生態学を通じた環境教育を実践しようとする教員をも対象に，それぞれの立場で最新の科学的知見に基づいたフィールド調査に取り組めるような内容を目指している。

フィールド調査は生態学の根幹であるが，同時に私たち人類にとっても重要である。40 年前に共立出版株式会社で企画・出版された『生態学研究法講座』にある序文の一節は，むしろ現在の要請としてふさわしい。「いまや人類の生存にも深くかかわる基礎科学となった生態学は，より深い解析の経験的・技術的方法論と，より高い総合の哲学的方法論を織りあわせつつ飛躍的に前進すべき時期に迫られている」

編集委員会

占部城太郎・日浦　勉・辻　和希

まえがき

「プランクトン」とは水中を浮遊する生物の総称である。浮いて遊んでいるなんて，なんとも愉快である。しかし，実際に研究するとなると「顕微鏡による計数」という，地道な作業のイメージがつきまとい嫌厭されることが多い。本書は，ぜひそのイメージを払拭したいと書き進めた。

私が植物プランクトンの研究を始めるきっかけとなったのは，卒業研究の時に指導教員（渡辺泰徳教授）から渡された植物プランクトンの写真集（Canter and Lund 1995）である。当初バクテリアの研究をしたかったものの，植物プランクトンの写真を眺め，顕微鏡で観察するうちに，多様な形をもつ植物プランクトンのほうに惹かれていった。大学院では，琵琶湖の植物プランクトンを「目を閉じても星が見えるくらい」顕微鏡で数えた。出現種を把握してしまえば計数作業はそれほど苦にならず，今では琵琶湖のプランクトンに再会できると懐かしさすら覚える。毎週とった試料から，明瞭な季節変化が実感でき，（顕微鏡で自分だけが見えている優越感にも浸ることができ）面白くなっていった。

琵琶湖に優占する大きな緑藻に，小さなツボカビが寄生していることも見つけた。このツボカビとの出会いにより，その後の研究の方向性が変わった。オランダでポスドク生活を送る中，ツボカビをミジンコが食べることを発見，このツボカビを介した物質流を菌類学（Mycology）と自分の名前（Maiko）をかけてMycoloopと命名した。自分で計画した実験で仮説が証明でき，ときには予想外の結果が得られ，ますます研究が楽しくなった。これらの過程では，いずれも手法の改良や解析の工夫など試行錯誤が伴った。その経験をふまえ，本書では生態学的な視点から植物プランクトンを研究するための基本的な方法を紹介したい。

植物プランクトンを培養したい，水質調査のために計数しなければならない，ミジンコとの関係を調べたい……などなど，色々な場面に有効な手法を本書では解説した。特に，プランクトンを用いる実験は，小規模かつ短期間で行えるという研究上の大きな利点があるが，その方法や原理を解説したのは，おそらく本書が日本初であろう。「この植物プランクトンはミジンコに食べられにくい？」「どんな微生物に寄生されているの？」「成長はリンに制限されている？」といった野外の植物プランクトンの生態を理解する上で欠かせない重要な疑問を解決する実験を，高校や大学の実習，卒業研究でも行えるよう，平易な説明を心がけ紹介した。水質分析や藻類の培養方法，計数法については，付録にあげた専門書やマニュアルがより詳細に紹介している。また，本書では一切含めることのできなかった系統分類については，付録にあげた書籍，図鑑を参照していただきたい。

様々な環境問題が深刻化する中，植物プランクトンは水質指標としてだけでなく，生物多様性の理解や地球温暖化への対策でも欠かせない研究対象となってきた。本書では最新の高速シーケンス解析までは解説できなかったが，いつの時代でも顕微鏡観察や培養など古典的手法は重要な情報をもたらしてくれる。本書執筆中の 2020 年，新型コロナウイルスの感染拡大によりオンラインでの講義や実習を余儀なくされたが，学生が自宅でもできるミジンコを使った飼育実験が活躍した。本書を教育や研究に活用していただき少しでも多くの方にプランクトンや微生物の生態に興味を持っていただければと願っている。

本書は企画から最終校正まで多くの時間を費やすことになってしまった。辛抱強く励ましていただいた共立出版編集部の山内千尋さん，信沢孝一さん，丁寧に校閲してくださった天田友理さんに感謝申し上げたい。占部城太郎さん，日浦勉さん，辻和希さんには本書執筆の機会をいただいた。占部さんには原稿の全編に丁寧な査読コメントを頂いただけでなく，大学院時代の恩師としてプランクトンの実験の楽しさを教えていただいた。ここに，深く敬意と感謝の意を謝意を表したい。様々な方から有益なコメントや写真を提供いただいた。特に三木健さん，吉田丈人さん，片野俊也さん，笠田実さん，瀬戸健介さん，仲田崇志さん，Silke van den Wyngaerd さんに感謝を申し上げたい。最後に，研究を共にし，一緒に手法の開発や改良，マニュアル作りに関わってくれた東邦大学湖沼生態学研究室および横浜国立大学水域生態学研究室の卒業生，在校生，ポスドクの方々，そして森上需さんに心から感謝の意を表したい。

2021 年 1 月
鏡味　麻衣子

目　次

第1章 なぜ植物プランクトンを研究するのか？

1.1 はじめに：植物プランクトンとは？

湖沼や海洋など水界生態系に浮遊して生息する生物は，プランクトン（浮遊生物）と呼ばれる。プランクトンには，バクテリアからクラゲまで大小様々な生物が含まれ，そのうち光合成を行うものが植物プランクトンに相当する。

植物プランクトンは，原核生物であるラン細菌（シアノバクテリア）や真核生物である珪藻類，緑藻類，渦鞭毛藻類など，多岐にわたる。植物プランクトンの分類は，細胞の微細構造に基づく形態分類と遺伝子による分子系統解析が基本となるが，分子系統解析の発展に伴う真核生物の大系統群の提唱によりその分類体系は大きく変化した（Baldauf, 2003）。緑藻は陸上植物と近いアーケプラスチダ（Archaeplastida）という系統群に属し，珪藻や渦鞭毛藻は原生生物に近いストラメノパイル（Stramenopiles）やアルベオラータ（Alveolata）という系統群に属する（図 1.1）。

植物プランクトンの細胞サイズは数マイクロメートルから数センチメートルまで幅広い。形は，球形や四角形，紡錘形など様々である（第 3 章参照）。単細胞だけでなく，複数の細胞が連なり帯状や星形などのコロニー（群体）を形成するものが存在する（図 3.3，図 9.1 参照）。それぞれの形態は長い歴史における適応進化の結果であり，沈みにくくする（第 6 章参照），栄養塩を取り込みやすくする（第 8 章参照），動物プランクトンに捕食されにくくする（第 9 章参照）など，それぞれに適応的な意義がある。

1.2 植物プランクトンを研究する様々な視点

植物プランクトンを題材とした研究は，生態学や陸水学，海洋学，地球科学，

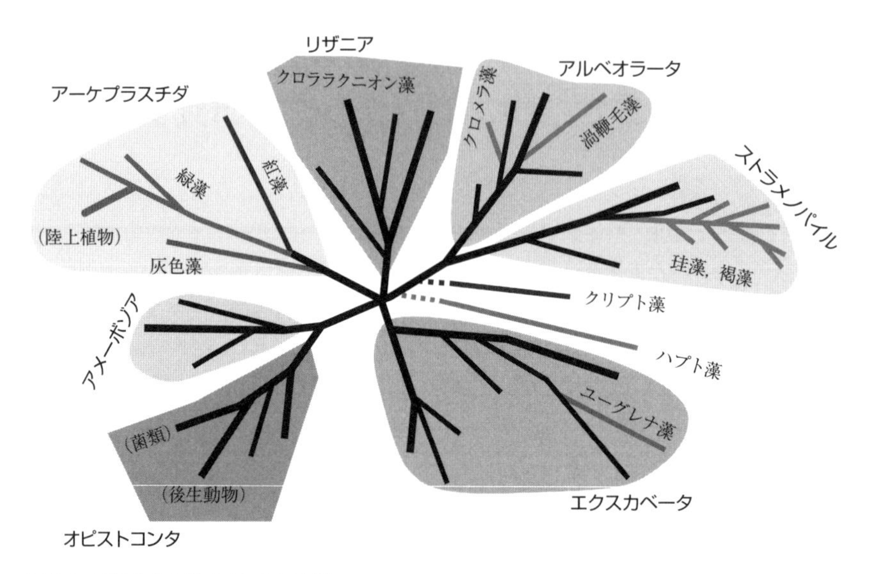

図1.1　真核生物を構成する大系統群
ラン細菌類を除く真核生物の植物プランクトンは多岐の系統群にわたり，オピストコンタとアメーボゾアを除くすべての系統群に含まれる。緑藻類は陸上植物と近い狭義の植物，アーケプラスチダ（もしくはプランテ）に，珪藻類はストラメノパイル，渦鞭毛藻類はアルベオラータと原生生物に近い系統群に含まれる。クリプト藻やハプト藻はいまだ所属不明として扱われる（河地 他，2019 を改変）。口絵1参照。

分類学，生理学など多岐にわたる。そもそも地球上の酸素増加をもたらしたのはシアノバクテリアであり，生命の進化を促した立役者である。生態学の教科書では，資源をめぐる競争の例として，珪藻を用いた Tilman（1977）の実験が多用されている（1.2.1 項参照）。植物プランクトンは海洋や湖沼の主要な基礎生産者であり，物質循環を駆動し（1.2.2 項参照），水質と密接に関わる（1.2.3 項参照）。有害有毒藻類（harmful algae）の大量発生は飲料水や水産資源を脅かす。一方，バイオ燃料やサプリメントの原料として，一部の有用藻類は我々の生活の中で活用されている（1.3 節参照）。以下に，これら植物プランクトンに関わる様々な視点の研究の歴史を概説する。

1.2.1　プランクトンのパラドックス：多種共存機構の解明

「なぜ，ほんの1滴の水のなかに数十種類の植物プランクトンが共存できるのか？」これはプランクトンの逆理（paradox of the plankton）と呼ばれ，Hutchinson（1961）によって投げかけられた疑問である。ガウゼの競争原理に従えば，共通する資源をめぐって競争している2種は共存できず，競争排除が起きるはずである。それにもかかわらず，野外ではわずか数ミリリットルの水の中に，30種類以上ものプランクトンが共存している。このパラドックスがきっかけとなり，多種共存機構，ひいては生物多様性の維持機構の解明が生態学の中心的課題の一つとなった。実験生態学や理論生態学を中心に多種共存機構に関する研究が進められ，なかでも珪藻は実験に好適な材料として多用された。

多種共存機構として提唱された理論の中で最も基本的なものは，資源の利用が種によって異なる，というニッチ分化説である。例えば，2種が1つの資源だけでなく別々の資源を利用すると共存が可能になる。この説は珪藻を使った実験で見事に証明された（Tilman, 1977）。珪藻2種を，栄養塩の珪酸（Si）とリン（P）の割合の異なる培地で培養すると，どちらかの栄養塩濃度が極端に低い場合には1種の珪藻のみ優占した。すなわち，リン酸濃度が低い（Si：P比が高い）と，リンに対する半飽和定数 *Ks*（8.2節参照）の低くその利用効率に優れる珪藻 *Asterionella formosa* が優占した。一方，ケイ酸濃度が低い（Si：P比が低い）と，ケイ素に対する半飽和定数 *Ks* が低い珪藻 *Cyclotella meneghiniana* が優占した（図1.2）。しかし，リン酸とケイ酸濃度の比率が中間のときは，どちらかが優占するのではなく，2種が共存した。これらの実験をきっかけに，資源をめぐって競争する種のうち共存できる種数は，制限する資源の数が多いほど多くなる，という多種-多資源モデルへと発展していった（図1.3; Tilman, 1982）。

植物プランクトンの成長にとって栄養塩だけでなく，光も重要である。例えば光と栄養塩の供給割合（光-栄養バランス）によって植物プランクトンと付着藻類の共存が可能になること（Tilman, 1982），種による光の吸収波長特性の違いが共存を可能とすること（Stomp *et al.*, 2004; 図1.4）が明らかとなった。

上記のニッチ分化説は安定状態を仮定したものであるが，環境の変動や天敵の作用により多種が共存できるという非平衡共存説も提唱された（Connell, 1978）。撹乱や資源の時間的変動・空間的不均一性（パッチネス）により競争排

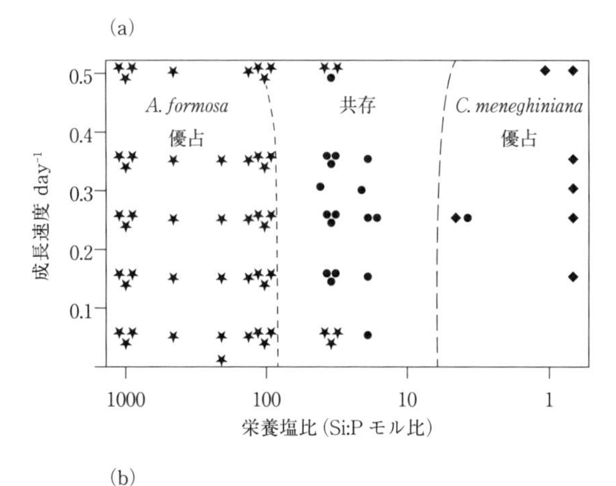

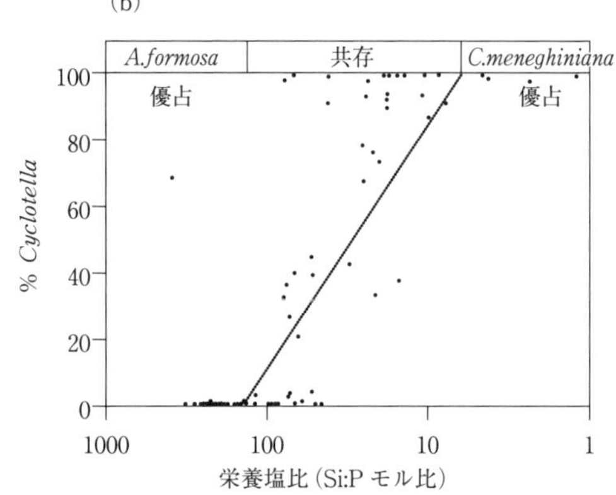

図 1.2　珪藻 2 種の栄養塩をめぐる競争排除と共存条件（Tilman, 1977）

(a) 実験的にリン酸とケイ酸の比率を変化させた場合の 2 種の珪藻 *Asterionella formosa* と *Cyclotella meneghiniana* の競争結果。リン酸濃度が低い（Si : P 比が高い）と *A. formosa* が優占（★）。ケイ酸濃度が低い（Si : P 比が低い）と *C. meneghiniana* が優占（◆）。リン酸とケイ酸濃度の比率が中間のときは 2 種が共存した（●）。なお，リンに対する半飽和定数 *Ks* は *A. formosa* が 0.02 μM と *C. meneghiniana* の 0.25 μM より低く，リンの利用に優れている。一方，ケイ素に対しては *C. meneghiniana* が 1.44 μM と *A. formosa* の 3.94 μM とより低く，ケイ素をめぐる競争では強い。

(b) ミシガン湖の Si : P 比と *C. meneghiniana* の *A. formosa* に対する相対優占度。(a) の実験と同様の結果になったことから，野外においても 2 種の珪藻の存在割合は水中の Si : P 比に依存していることが判明した。

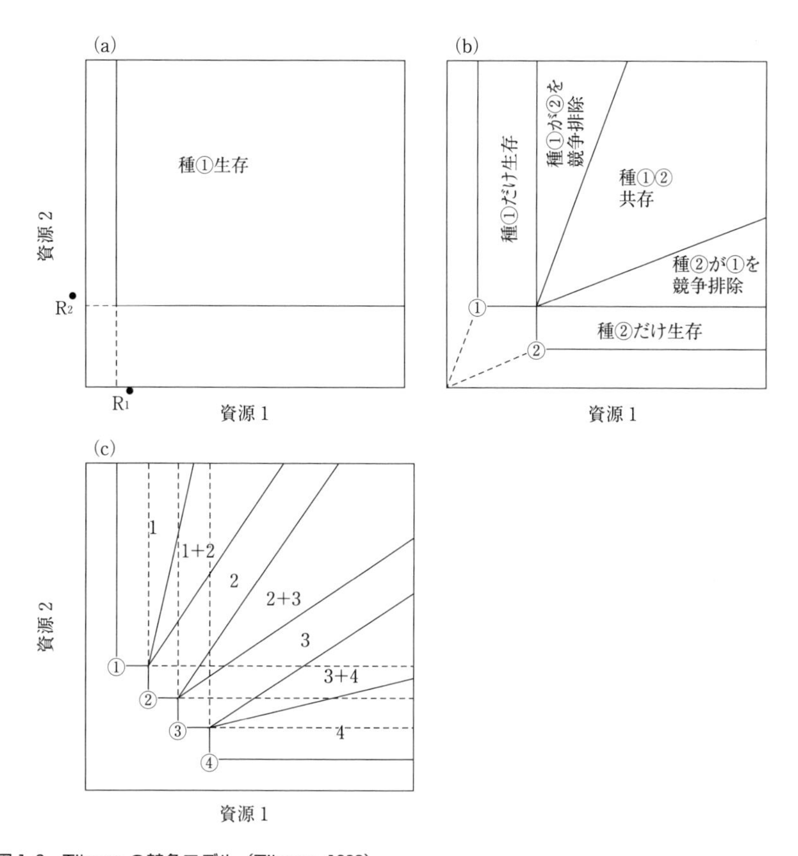

図 1.3　Tilman の競争モデル（Tilman, 1982）

(a) 種①の 2 つの資源に対する ZNGI (zero net growth isocline, ゼロ純増殖線)。ZNGI に囲まれた区域，すなわち各資源の供給量が生存に必要な量よりも多いとき，種①は生存できる。

(b) 種①と②の競争結果は 2 つの資源の供給量によって異なる。種①は資源 1 の利用において，種②は資源 2 の利用において他種よりも長けている。両資源の供給バランスが取れていると 2 種は共存する。

(c) 2 つの資源勾配に沿った 4 種の競争関係。共存できる種数は資源の数（ここでは 2 種類）を超えない。

除が緩和され，複数種がニッチ分化なしに共存しうる。例えば海洋や湖では，植物プランクトンは光が豊富な表層と栄養塩の豊富な底層（もしくは水温躍層）の間を行き来し，光と栄養塩条件の変動する環境にさらされている。この資源の変動が多種共存を可能にする（Huisman and Weissing, 1995）。また，鉛

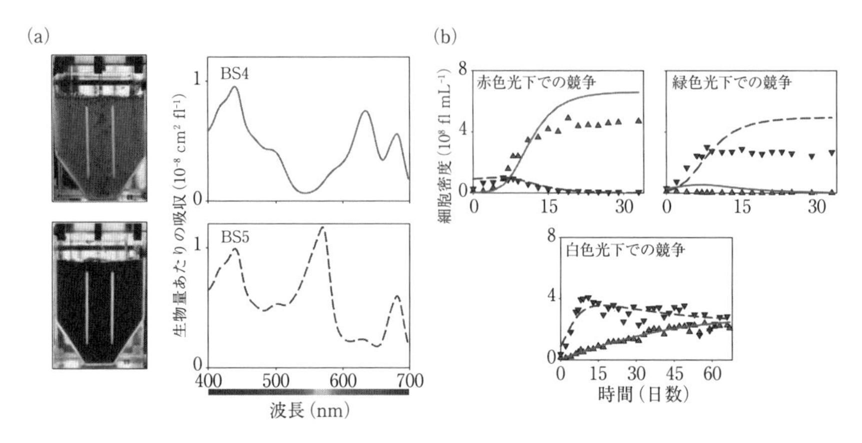

図 1.4　ラン細菌 2 株の光をめぐる競争排除と共存条件（Stomp *et al.*, 2004）

(a) 小型ラン細菌の 2 株（BS4 と BS5）では，光の吸収波長が異なる。BS4 は赤色光（650 nm）を吸収し，緑色光は吸収しないため，培養液は緑色に見える（上段）。一方，BS5 は緑色光（570 nm）を吸収し，赤色光は吸収しないため，赤色に見える（下段）。

(b) 赤色光で培養すると BS4（実線）が優占し，緑色光で培養すると BS5（点線）が優占する（上段）。白色光で培養すると両種とも同じ程度に増え，共存が可能となる（下段）。口絵 2 参照。

直混合の頻度により共存の程度も変化し，中規模の頻度のときに最も多くの種が共存することが実験的に証明された（Flöder and Sommer, 1999；図 1.5）。なお，撹乱の頻度や強度が中程度で多様性が最も高くなるのは，中規模撹乱仮説（intermediate disturbance hypothesis, IDH）と呼ばれる（Connell, 1978）。

捕食者である動物プランクトンの存在も，植物プランクトンの多種共存に重要である（Sterner, 1989; Leibold, 1995）。植物プランクトンの成長速度と捕食されやすさの間にはトレードオフが存在し，細胞が小さいほど成長速度は高いが（第 8 章），捕食されやすい（第 9 章）。逆に細胞が大きいと捕食されにくいが，成長速度は低い。そのため，動物プランクトンが存在すると，成長が速く競争に優位な小型の種と成長が遅く劣位な大型の種が共存できる。

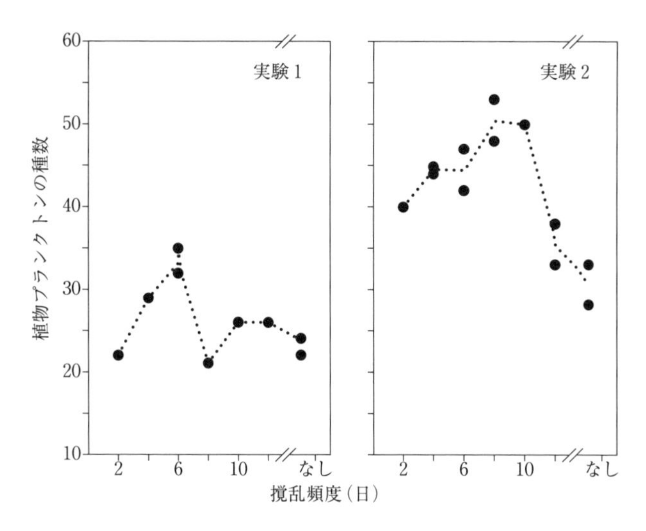

図 1.5 湖の鉛直混合の頻度（攪乱頻度）を実験的に変化させたときの植物プランクトンの多様性（種数）

湖をまったく混合させない（グラフの右端），または短い頻度（2 日おき）で混合させた場合には，植物プランクトンの多様性は低い（種数は少ない）。混合の頻度が中程度（実験 1 では 6 日，実験 2 では 10 日）のときに，植物プランクトンの多様性は最も高くなった（Flöder and Sommer, 1999）

1.2.2 物質循環における機能

(1) 二酸化炭素のシンクかソースか

湖沼や海洋などの水界生態系において，植物プランクトンは主要な基礎生産者であり，生態系を支える基盤となる（図 1.6）。海洋における植物プランクトンの炭素固定量は地球上の 50% にも相当する（年間 450 億トン）（Falkowski *et al.*, 1998）。海洋の植物プランクトンが固定した二酸化炭素の約 30% が海底に沈むといわれ（年間 160 億トン），海洋は二酸化炭素を固定するシンクとなる。この植物プランクトンによる炭素の輸送は生物ポンプ（biological pump）と称される。地球温暖化の問題深刻化していくなかで，海洋の植物プランクトンが炭素循環に果たす役割は重要視されている。

一方，湖沼の二酸化炭素濃度は過飽和状態にあり，大気に二酸化炭素を放出している（Cole *et al.*, 1994）。ただし，湖沼が二酸化炭素のソースとなる（大気へ放出する）か，シンクとなる（大気から吸収する）かは，植物プランクトン

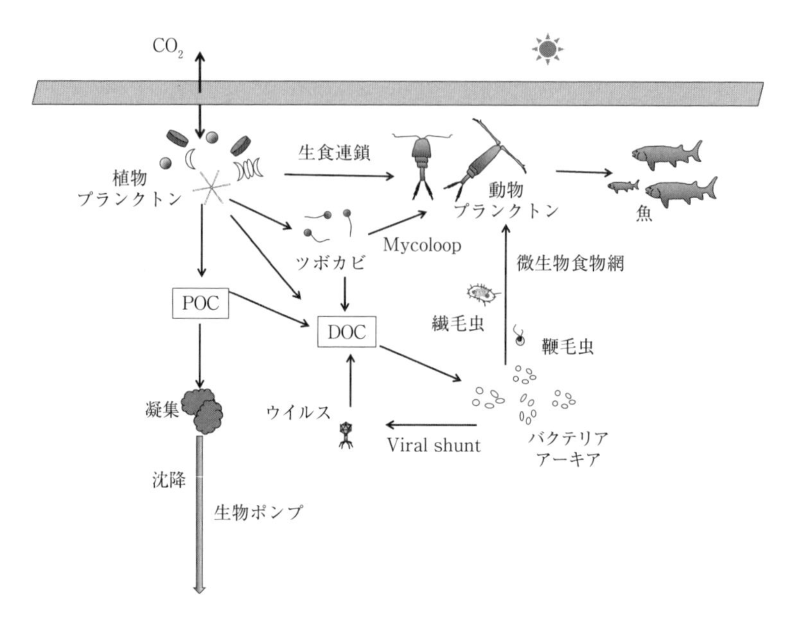

図1.6　水域の炭素循環

二酸化炭素（CO_2）は植物プランクトンが固定し，一部は動物プランクトン，魚に捕食される（生食連鎖）。代謝によって排出された溶存態の炭素（DOC）はバクテリアやアーキアに利用され，それらが原生生物（鞭毛虫や繊毛虫）に捕食されることで微生物食物網に組み込まれる。植物プランクトンの一部はツボカビに寄生され，動物に間接的に捕食される（Mycoloop）。バクテリアはウイルスに寄生されるとDOCに変換され，食物網からそれる（Viral shunt）。動物に利用されなかった粒子状有機物（POC）は，一部凝集し，深層に沈み貯蔵される（生物ポンプ）。

の量による。例えば，湖沼が富栄養なほど植物プランクトン量が多く，大気からより多くの二酸化炭素を吸収する。しかし，魚食魚がいると，栄養カスケードによりプランクトン食魚が減り，ミジンコが増え，植物プランクトンが減少するため，むしろ二酸化炭素は大気に放出される（Schindler *et al*., 1997）。

植物プランクトンは，光合成により固定した二酸化炭素を，呼吸により異化し再び細胞外に放出する。また，代謝によって溶存有機態炭素（dissolved organic carbon, DOC）として水中に排出する。この現象は細胞外排出（excretion）と呼ばれる。DOCは細菌類の重要な餌となり，微生物食物網を駆動する（図1.6；Azam *et al*., 1983）。

植物プランクトンが水中から減少する過程は消失過程（loss process）と呼ば

<table>
<tr><th colspan="4">生物学的死亡</th><th colspan="2">物理的消失</th></tr>
<tr><td rowspan="2">捕食</td><td colspan="3">溶解死亡</td><td rowspan="2">沈降</td><td rowspan="2">流出</td></tr>
<tr><td>寄生</td><td>生理的死亡</td><td>自然死</td></tr>
</table>

図 1.7　植物プランクトンの消失過程
物理的消失過程には，底への沈降と流出がある。生物学的な死亡要因には，動物プランクトンや魚による捕食，ウイルスや細菌，菌類，原生生物など病原菌の寄生による死亡，光や栄養塩不足など環境悪化に伴う生理的死亡，寿命による自然死がある（鏡味，2012 より改変）。

れ，その過程により炭素の行方は異なる（図 1.7）。消失過程には，深層への沈降（第 6 章）と系外への流出といった物理的消失過程，動物プランクトンによる捕食（第 9 章）や病原菌の寄生による死亡（第 10 章），光や栄養塩不足など環境悪化に伴う生理的死亡といった生物学的な死亡要因がある（Reynolds, 1984）。例えば，植物プランクトンが主に沈降により消失するならば，光合成により固定された炭素は食物網に組み込まれず，深層に堆積する。植物プランクトンがウイルスにより大量に死亡するならば，沈降量が減少し，海洋の二酸化炭素固定量は半分に低下する（Suttle, 2005）。

いずれの消失過程をたどるかは，植物プランクトンのサイズによって異なる傾向がある（図 1.8）。直径 2〜20 μm の小型の植物プランクトン（ナノプランクトン）は，ミジンコやケンミジンコなど動物プランクトンによる捕食により主に消失する。一方，大型の植物プランクトン（マイクロプランクトン）はミジンコの口には入りにくいため，食物連鎖には組み込まれにくく，主に沈降により消失する。時として，それら大型の植物プランクトンを病原菌ツボカビが寄生することで，沈降するのではなく一部食物網に組み込まれる（Kagami *et al*., 2006）。直径 2 μm 以下の超小型の植物プランクトン（ピコプランクトン）は，バクテリアと同様に鞭毛虫や繊毛虫に食べられ，微生物食物網に組み込まれる。

(2) エネルギー転換効率

植物プランクトンが太陽放射から吸収したエネルギーは食物連鎖を通じてどの程度流れるのか。栄養段階間のエネルギーの転換効率は生態転換効率（eco-

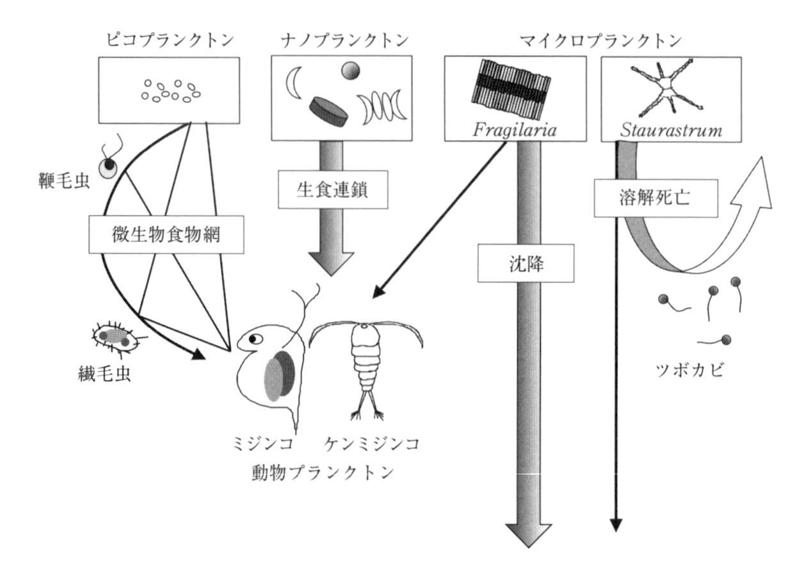

図 1.8　サイズによる植物プランクトンの運命（消失過程）の違い
植物プランクトンのサイズによって運命が異なる傾向がある。ナノプランクトン（2～20 μm）は，ミジンコやケンミジンコなど動物プランクトンによる捕食により主に消失する。一方，マイクロプランクトン（>20 μm）は食物連鎖には組み込まれず，沈降により消失する。時として，それらに病原菌ツボカビが寄生することで，一部食物網に組み込まれる。ピコプランクトン（<2 μm）は，バクテリアと同様に鞭毛虫や繊毛虫に食べられ，微生物食物網に組み込まれる（鏡味，2012）。

logical transfer efficiency）と呼ばれ，Lindeman（1942）によって先駆的に定量的な測定が行われた。彼は2つの湖において植物プランクトンの一次生産量と動物プランクトンの二次生産量を調べ，生態転換効率は8～13% 程度であることを見出した。1970 年代には国際生物学事業計画（International Biological Program, IBP）により，生態転換効率が様々な生態系で測定された。湖沼および海洋における生態転換効率は，平均は 10 % であり，2～24% の幅がある（Pauly and Christensen, 1995）。森林など陸域では植物（樹木）は一部のみ動物に利用されるのに対し，植物プランクトンは動物に丸ごと利用されるため，水域の方が生態転換効率が高くなる傾向にある。

(3) エコロジカルストイキオメトリー

生態系における物質循環を理解するには，炭素に加え，窒素やリンなど他の元素も考慮に入れる必要がある。各元素の量だけでなく比率も重要で，それは生態化学量論（ecological stoichiometry）と呼ばれる（Sterner and Elser, 2002）。植物プランクトン細胞に含まれる炭素：窒素：リンの比率（C：N：P比）は，水中の栄養塩濃度や自身の成長速度により大きく変化する。成長が良いときには，炭素と窒素とリンを106：16：1の比率（モル比）で取り込み，この比はレッドフィールド比（Redfield ratio）と呼ばれる（Goldman *et al.*, 1979）。C：N：P比は，植物プランクトンの成長を最も制限する元素を探る指標にもなる（第8章）。例えば，N：P比がレッドフィールド比である16よりも高ければ，窒素よりもリンが相対的に少なく，リンに制限されていることを示唆している。逆に16よりも低ければ，植物プランクトンの成長は窒素に制限されている可能性がある。

一方，動物プランクトンのC：N：P比は植物プランクトンに比べ一定に保たれる（恒常性）。そのため，自身の比率とは離れた植物プランクトンを食べると，成長速度が低下する。多くの湖沼において植物プランクトンはリンに成長が制限されており，C：P比の高い餌，すなわち炭素あたりのリン含量が少ない炭素太りした質の悪い餌を食べていることになる。

近年の二酸化炭素濃度の上昇に伴い，植物プランクトンの生物量が増加する可能性がある。餌である植物プランクトンの量が増加すれば動物プランクトンも増加すると予想されるが，餌の質を考慮に入れると必ずしもそうはならない。リン制限下において二酸化炭素濃度が上昇することで，植物プランクトンの生物量は増加するものの，餌のC：P比が高くなり，それを食べたミジンコの成長は落ちる（Urabe *et al.*, 2003；図1.9）。この例のように，餌の量だけでなく質（化学量比）を考慮に入れないと，環境変動に伴う生物の応答について全く反対の予測を導いてしまう。

1.2.3 プランクトンの季節遷移・長期変動

植物プランクトンと動物プランクトンの種組成は季節に伴い明瞭な変化をする。これは季節遷移（seasonal succession）と呼ばれ，水温や栄養塩濃度などの環境要因と捕食-被食関係など生物間相互作用によって変化する。季節遷移パターンは湖の栄養状態によって異なり，PEG（plankton ecology group）モデル

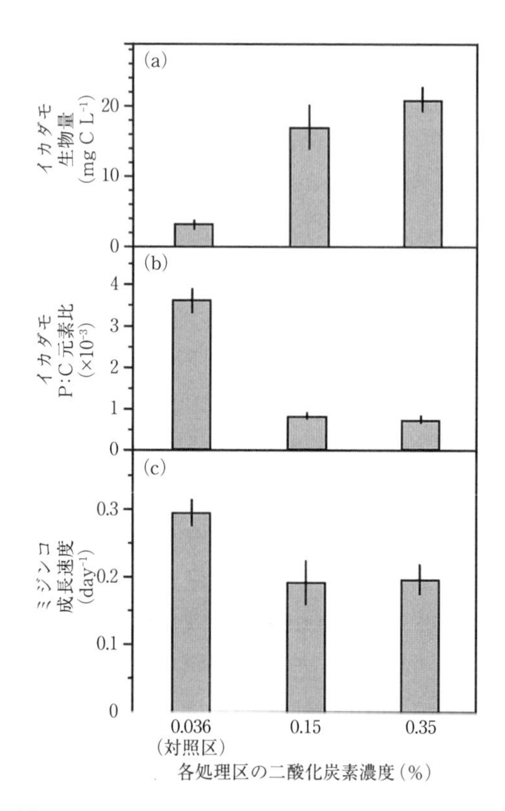

図 1.9　大気中の二酸化炭素濃度を実験的に変化させたときの植物プランクトン（イカダモ）と動物プランクトン（ミジンコ）の応答

(a) イカダモの生物量，(b) イカダモのリンと炭素比（P：C 比），(c) ミジンコの成長速度。実験では，二酸化炭素濃度を 3 段階に設け（0.036%, 0.15%, 0.35%），2 日間培養したイカダモを餌とし，ミジンコを 5 日間培養した。二酸化炭素濃度が上昇することで，植物プランクトンの生物量は増加するものの，P：C 比が低くなるため，ミジンコの成長速度が落ちた（Urabe *et al.*, 2003 に基づく）。

として記載されている（Sommer *et al.*, 1986, 2012; 図 1.10）。

プランクトンの季節遷移の乱れは富栄養化や温暖化など環境変動のシグナルと捉えることができる。北米の Washinton 湖では，温暖化により珪藻のブルーム開始時期が早まり，ミジンコがそれに対応できず減少している（Winder and Schindler, 2004；図 1.11）。日本では琵琶湖や霞が浦，印旛沼など大型湖沼やダム湖を中心に，継続的に植物プランクトンの種組成が測定されており，環境変動に対する湖沼の反応を検証できる貴重なデータである（例えば（一瀬

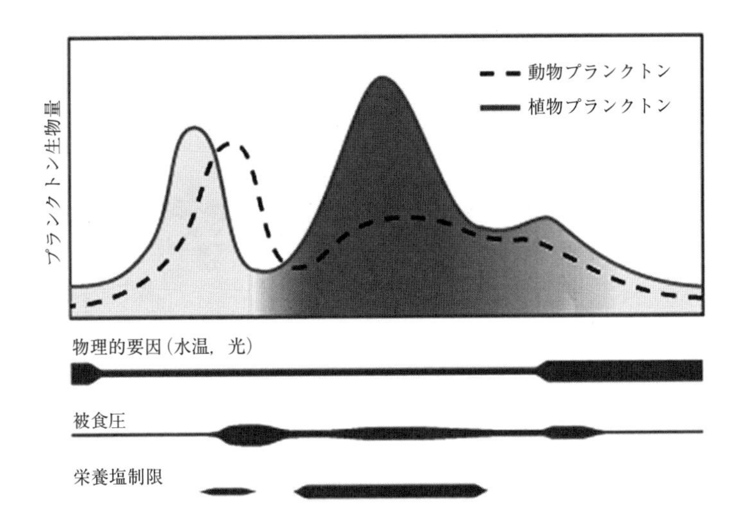

図 1.10　深い中栄養湖における植物プランクトンと動物プランクトンの季節遷移の模式図
PEG（plankton ecology group）モデルとして一般的なプランクトンの季節遷移が記載されている（Sommer *et al.*, 1986）。動物プランクトン生物量は点線，植物プランクトン生物量は太線内（白は小型種，黒は大型種）。下の棒は植物プランクトンに対して水温や光，栄養塩，被食圧が重要になる季節とその影響の大きさを示す（Sommer *et al.*, 1986 に基づく）。

他，1999; Takamura and Nakagawa, 2012; Iwayama *et al.*, 2017）。琵琶湖の植物プランクトンの長期データ解析から，水温の上昇や水位の調整によって沿岸域から沖に供給される種が減少し，種多様性が減少していることが明らかとなった（Tsai *et al.*, 2014）。

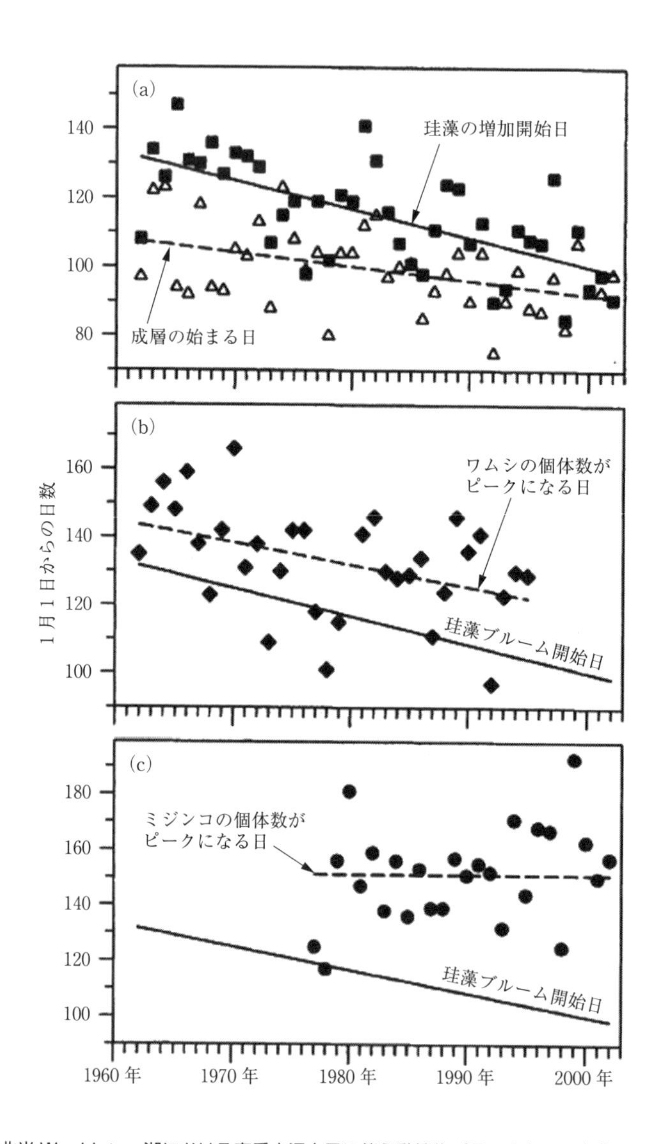

図 1.11　北米 Washinton 湖における春季水温上昇に伴う動植物プランクトンの変化
(a) 水温躍層が形成される日（成層の始まる日，点線△）が早まり，珪藻の増加が始まる日（ブルーム開始時期，実線■）も早くなった。(b) カメノコワムシ（*Keratella cochlearis*）の個体数がピークになる日（点線◆）は，珪藻の増加が始まる日（実線）と同様に早まった。(c) ミジンコ（*Daphnia pulicaria*）の個体数がピークになる日（点線●）は変化しなかった。温暖化により珪藻のブルーム開始時期が早まり，ワムシはそれに対応したが，ミジンコは対応できず減少していると考えられている（Winder *et al*., 2004 に基づく）。

1.3　人間生活との関わり

我々人類は植物プランクトンから様々な恩恵を受けている。そもそも植物プランクトン（ラン藻類）は，地球誕生の歴史の上で最初に酸素を発生し，好気的な生物の生息を可能とした。過去に海底に沈み堆積した珪藻類は，石油の基となっている。ここでは人間生活と植物プランクトンの関わりについて概説する。

1.3.1　有用藻類：バイオ燃料やサプリメントとして

近年，石油に代わる新たなバイオ燃料として，特殊な油を生成する植物プランクトンに注目が集まっている（Smith *et al.*, 2010）。また健康食品として，アスタキサンチンやDHAを生成するプランクトンの商業価値も高まっている。これら有用藻類の単離や，大量に培養するための技術開発，生産を低下させるおそれのある感染症の抑制など，今後よりニーズが高まる研究分野であろう。

1.3.2　有毒・有害藻類：アオコ・赤潮現象

湖沼は貴重な飲料水源であり，湖沼や海洋に生息する魚介類は我々の食に欠かせない水産資源である。我々が生態系から受けるこのような恩恵は生態系サービス（供給サービス）と呼ばれる。そのサービスを脅かす有害有毒藻類の大増殖は社会問題となる。

植物プランクトンは光合成により酸素を放出するが，植物プランクトンが過剰に増えると，呼吸や有機物分解に伴う酸素消費量が光合成量を上回り，次のようなプロセスで貧酸素化をもたらしうる。すなわち，窒素やリンなどの栄養塩の過剰流入に伴いラン藻類や渦鞭毛藻類など特定の植物プランクトンが大量増殖し，アオコ現象や赤潮現象が生じる。過剰な植物プランクトンは水中に透過する光量を減少させ，光合成量を低下させるとともに，夜間の呼吸により酸素を消費する。また，動物が消費しきれなかった植物プランクトンは湖底や海底に沈む。それらが微生物に分解される過程で酸素が消費され，貧酸素化が促される。湖底や海底で嫌気化が進むと底泥中で鉄と結合していたリンが水中に放出され，それを利用し植物プランクトンがより増える。そこまで富栄養化が進行すると，以前の透明な水に戻りにくくなる。これをレジームシフトという（Scheffer *et al.* 2001）。海洋沿岸域で貧酸素化が進行すると，海底で発生した硫化水素が，海面で酸素と反応し青潮現象となる。

植物プランクトンの大量発生を制御するためには，植物プランクトンの成長を制限する要因を明らかにする必要がある（第8章）。特定した栄養塩の流入を抑制することが，富栄養化を食い止める根本的な対処策となる。湖沼の植物プランクトンの成長がリンによって制限されていること，すなわち富栄養化の原因がリンであることを明らかにした研究は，陸水学が社会へ最も貢献した成果といっても過言ではない（Sakamoto, 1966; Vollenweider, 1968; Schindler, 1974）。それらの成果が基となり，リンを含まない無リン洗剤が普及した。過剰に富栄養化が進んだ湖を復元するためには，リンの流入を削減するだけでなく，湖底に堆積したリンを取り除くことも必要となる。

1.4　方法的革新はあったのか？

生態学において，次世代シーケンサーともよばれる最新の分子生物学的ツールの登場（本シリーズ第5巻 東樹，2016を参照），安定同位体比分析（本シリーズ第6巻 土居 他，2016を参照）やフリーソフトRの登場による統計解析手法の変化など，研究方法の様々な革新が起こっている。これらの方法の一部は，植物プランクトンの研究にも有効である。ただし，植物プランクトンは，陸上の動物や植物と異なる性質をもつため，制約も伴う。例えば，分裂という単純な増殖様式をもつため，個体の定義は明確ではなく，遺伝的変異の検出は困難である。また個体サイズが小さいため，多様な種類の共存する野外において，特定の種だけを抽出してその安定同位体比を測定することも難しい。

一方，世代時間が短くサイズが小さいため，培養実験を比較的小規模で短期的に行いやすい利点がある。植物プランクトンの研究で最も労力が必要となる種同定や計数が自動化できれば，より多くのデータを短時間で取ることが可能となり，研究は進展するだろう。実際，これまでに様々な方法が開発されてき

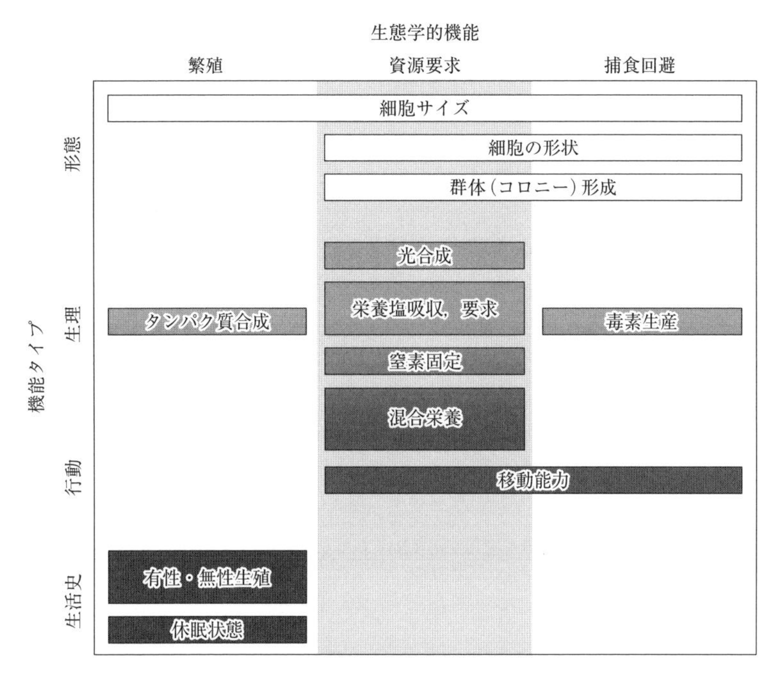

図 1.12　植物プランクトンの機能形質（Litchman and Klausmeier, 2008 を改変）

た。フローサイトメーター（flowcytometer）を用いれば，色素やサイズごとに分けて自動計数できる。コールターカウンター（Coulter counter）では，細胞の数と体積を自動で数えることができる。また，フロウカム（FlowCAM）では試料中に含まれる種ごとに細胞数や細胞サイズの計測が可能となっている（第3章）。ただし，これらの機械は高価であり，また野外試料に適用する場合には，試料中の細胞密度や量の調整，画像の認識など，試行錯誤が必要となる。種として計数するのではなく，サイズや成長の速さ，捕食されやすさなど，形質ごとに機能群として群集を捉えると（例えば Litchman and Klausmeier, 2008；図 1.12），新しい展開が見えてくるかもしれない。

本書では，植物プランクトンの生態を明らかにするうえでの基本的な手法を，採集（第2章）から，細胞数（第3章）や生物量（第4章），基礎生産量（第5章）の測定，沈降過程（第6章），単離・培養方法（第7章），成長制限要因（第8章），捕食（第9章）・寄生（第10章）の解明まで，説明する（図 1.13）。

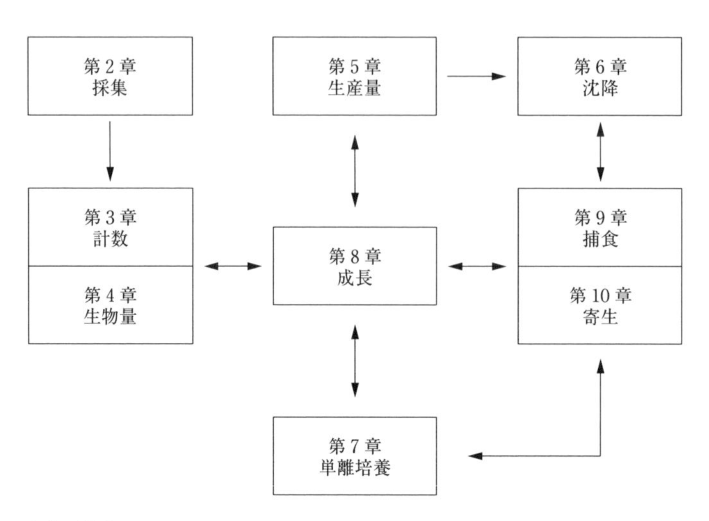

図1.13　本書の構成

植物プランクトンの生態を把握するうえで必要な成長から消失まで，各過程の調査法を解説する。

第2章 植物プランクトンの採集

2.1 はじめに

観察が目的であれば，公園の池や周辺の水たまりなどから適当なボトルを用いて水を汲めば植物プランクトンを採集できる。しかし，植物プランクトンの生物量や種組成を定量的に把握するとなると，色々な点で採集に配慮が必要になる。

植物プランクトンの採集方法は，様々な書籍で紹介されている（西條・三田村，1995；山岸，1999 など）。これらを参考に，本章では植物プランクトン試料の定量的および定性的な採取方法と試料の固定および保存方法を概説する。

2.2 試料採取（サンプリング）

植物プランクトンを採集するには，そのまま採水する方法（採水法；2.2.1 項）と，プランクトンネットを用いる方法（プランクトンネット法；2.2.2 項）がある。調査目的や対象水域の深さや広さに合わせて，適した方法を選択するとよい（表 2.1）。

プランクトンは水中で均一に分布していると考えられがちだが，実際にはパッチ状に集まるなど，分布に偏りがある。分布の偏りや計数による誤差を考慮に入れたうえで，採集地点や採集方法，試料量を決める必要がある。例えば，表水層の植物プランクトンの季節変化を調べたいのであれば，1 地点の 1 深度からのみ採取するよりは，表水層中の複数の深度（例えば，0 m，2 m，5 m）で採取したサンプルを混合し計数したほうが，サンプリング（試料採取）による誤差を小さくできる（Wetzel and Likens, 2000）。

表2.1　湖沼のタイプや採集目的に応じた植物プランクトン試料の採取方法

湖沼のタイプ	採水層	採水器	採水量	定性的
浅い湖，もしくは沿岸帯	表層0.5 m	バンドーン採水器またはバケツ	1-2 L	バケツまたはプランクトンネット
	水柱全体	カラム採水器	5-10 L（採水後，分割またはネット濃縮）	プランクトンネット（水平引き）*
深い湖，沖帯	表層0.5 m	バンドーン採水器またはバケツ	1-2 L	バケツまたはプランクトンネット（水平引き）
	層別：表水層（有光層や水温躍層上）	バンドーン採水器または深度積分型採水器	5-10 L（採水後，分割またはネット濃縮）	
	層別：深水層（水温躍層以下）	バンドーン採水器または深度積分型採水器	5-10 L（採水後，分割またはネット濃縮）	
	水深別	バンドーン採水器またはポンプ採水	5-10 L（採水後，分割またはネット濃縮）	
	水柱全体	深度積分型採水器	5-10 L（採水後，分割またはネット濃縮）	プランクトンネット（鉛直引き）

＊プランクトンネットを用いる場合，浅い湖や表層のみを対象とする場合には水平に引き（水平引き），水中全体を対象にする場合には底から表層まで鉛直に引く（鉛直引き）。

2.2.1　採水法

一般的に試水の採取に用いられるのはバンドーン採水器（Van Dorn sampler）である（図2.1）。大きさは2～20Lまで様々であり，離合社などから販売されている。上下のゴム蓋をセットし，採水したい深さまで降ろし，メッセンジャーの落下によって蓋が閉まる仕組みになっている。そのため特定の深度の植物プランクトンを採取できる。深度積分型採水器（integrating water sampler; 図2.2）を用いると，各深度で一定量ずつ採水した混合試料を得ることができる。特定の深さで大量に採水するにはポンプが用いられる。

1 m以浅の表層水の採取には，バケツを用いる。浅い湖沼においては，バンドーン採水器では大きすぎることもある。印旛沼のように水深1～2 m程度の浅さの場合，カラム採水器（チューブサンプラー，tubular sampler）を用いると，湖底から表層まで水柱全体での植物プランクトンを平均的に把握できる（図2.3）。カラム採水器は水草帯など狭い空間でも採水でき便利である。

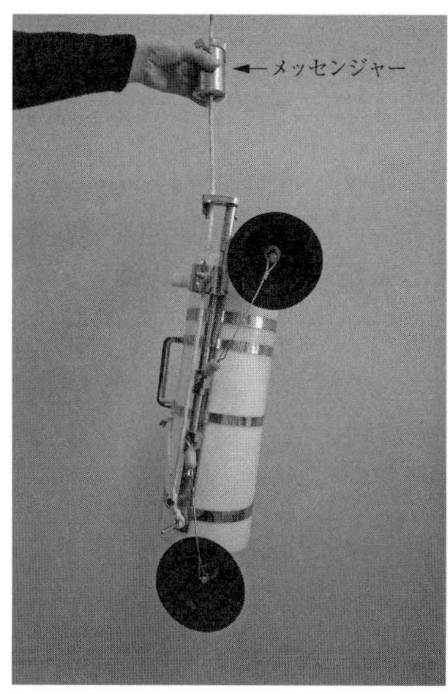

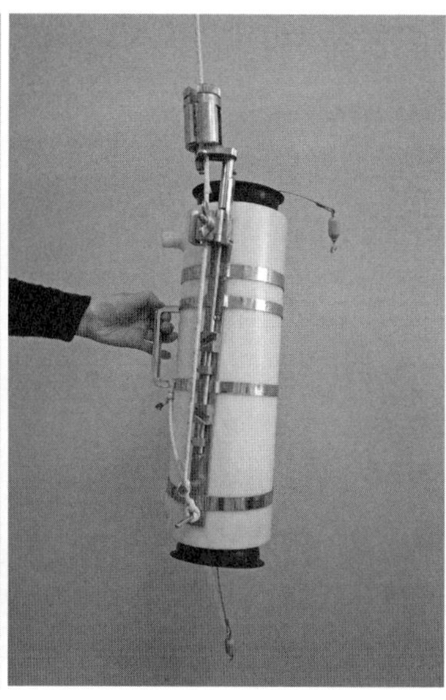

図 2.1　バンドーン採水器（Van Dorn sampler）
上下のゴム蓋をセットし（左図），任意の深さまで降ろし，ロープにくくりつけたメッセンジャーを落とすと蓋が閉まる（右図）。口絵 3 参照。

図 2.2　深度積分型採水器（integrating water sampler）（Hydro-bios 社）
採水器を特定の深度まで沈めた後，一定速度で引き上げると，各深度で一定量ずつ採水した混合試料を採取することができる。口絵 4 参照。

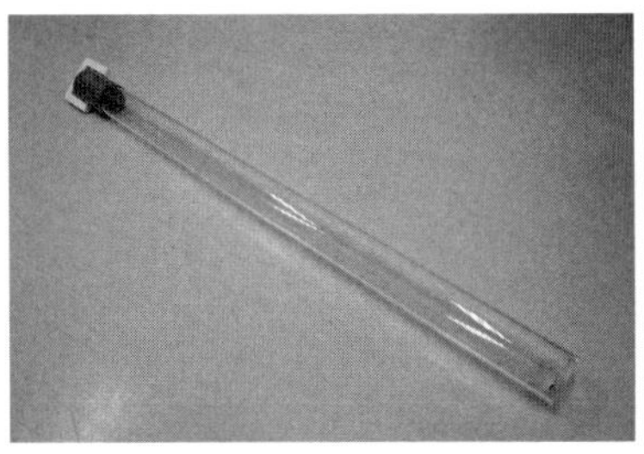

図 2.3　カラム採水用のチューブサンプラー（tubular sampler）
カラム採水器を湖底まで一気に下ろし，上に引き上げると水柱全体の水が取れる。

2.2.2　プランクトンネット法

プランクトンネット（plankton net）を用いると，広範囲のプランクトンを濃縮し採取できる。プランクトンの密度が低い貧栄養湖や海洋で有用である。プランクトンネットはネットの目合いや開口の大きさなど，あらゆるサイズが存在し，目的に応じた組み合わせで作成してもらえる（図 2.4）。一般的に植物プランクトンの採取には 20〜100 μm の目合いが，動物プランクトンの採取には 50〜300 μm の目合いが用いられる。プランクトンをサイズ分画して調べる場合，サイズごとの呼称に応じて 20 μm や 200 μm の目合いが用いられる（一般に直径 2 μm 以下のものをピコプランクトン，直径 2〜20 μm のものをナノプランクトン，20〜200 μm のものをマイクロプランクトン，200 μm 以上のものをメソプランクトンと称し，区分される）。

プランクトンネット法では目合いより小さい種を取り逃がすため，全種類を対象とした定量的な調査の場合には，採水法（2.2.1 項）を用いる。特定のサイズ以上を対象に細胞数を定量的に把握したい場合には，プランクトンネットに濾水計をつけ，回転数から通過した水量を計算し，密度推定する（図 2.4c）。特に海洋の動物プランクトンなど密度の低い大型の種類を対象にはこの方法がとられる。プランクトンネットの目合いが細かすぎると，目詰まりにより十分に濾水できないため，注意が必要である（Wetzel and Likens, 2000）。その場合には，プランクトンネットをバケツの上に設置し，採水した試水を一定量注ぎ濃縮する。そうすることで，濾過効率の低下を考えずに，確実に一定量の試水を濃縮できる。

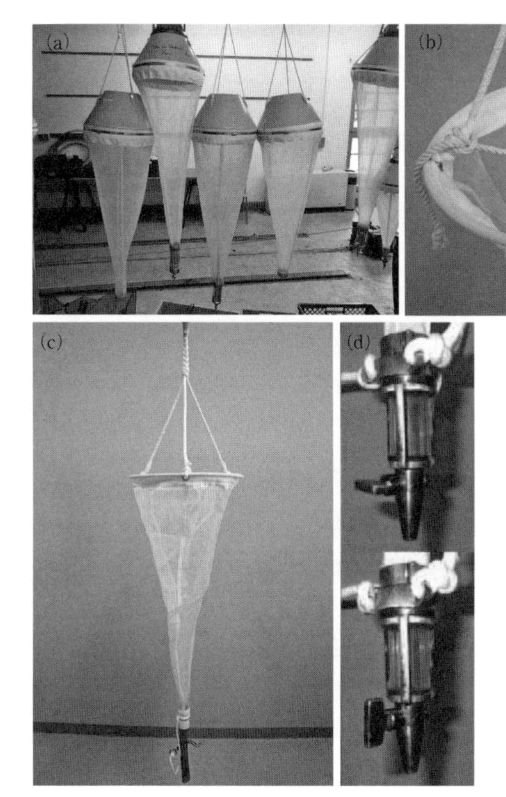

図 2.4　プランクトンネット（plankton net）
(a) 様々な目合いのプランクトンネット。上にメッセンジャーで閉められる蓋がついていて，一定深度の試料を採取できるものもある。(b) 濾水計をつけると，回転数から通過した水量を計算し，定量的な密度推定が可能になる。(c) 典型的なプランクトンネット。底管はアクリル管・ゴムチューブ型でピンチコックで閉める。(d) 底管が金属製でコックで開閉するタイプもある（仲田，2015)。上が開いた状態，下が閉じた状態。口絵 5 参照。

2.3　試料の固定・保存方法

試料を採集してから観察までに時間を要する場合には固定が必須である。ただし，固定により細胞の破裂や，変形，収縮が生じうるため，種の同定が困難になる場合がある。可能であれば採水直後の試料をそのまま検鏡し出現種を把握したほうがよい。

表2.2 ルゴール溶液のレシピ（Andersen and Throndsen, 2004を改変）

酸性	アルカリ性[a]	中性
ヨウ化カリウム 20 g	ヨウ化カリウム 20 g	ヨウ化カリウム 20 g
ヨウ素 10 g	ヨウ素 10 g	ヨウ素 10 g
蒸留水 200 mL	蒸留水 200 mL[b]	蒸留水 200 mL
氷酢酸 20 mL もしくは酢酸 20 g	酢酸ナトリウム無水物 50 g[a]	

a 蒸留水 100 mL, 酢酸ナトリウム無水物 10 g とする場合もある（西條・三田村, 1995；Utermöhl, 1958）

b 蒸留水 100 mL とする場合もある（西條・三田村, 1995）。筆者は 100 mL としたレシピを用い, 試料 100 mL に 2〜5 mL 添加している。

植物プランクトン試料の固定には, 一般的にルゴール液（Lugol's solution）が用いられる。ルゴールには酸性, 中性, アルカリ性タイプがある（表2.2, Andersen and Throndsen, 2004）。いずれもヨウ素とヨウ化カリウムを入れる（表2.2）。完全に溶けないときは, 濾紙で濾過し, 沈殿物を除く。もしくは静沈させ上澄みのみを用いる。暗所または褐色瓶に保存して使用する。ルゴール液は後述するホルマリンに比べ, 鞭毛藻や繊毛虫などの破壊, 変形, 収縮の度合いが小さい（表2.3）。中性もしくは酸性が使われることが多い（河川水辺の国勢調査マニュアル）。なお酸性ルゴールは鞭毛を保存するのに適しているが, 円石藻や渦鞭毛藻類などがもつ石灰質の組織を破裂してしまう（Throndsen and Sournia, 1978）。中性ルゴールは小型の鞭毛藻が保存されにくい（Williams *et al.*, 2016）アルカリ性ルゴールは珪藻のケイ酸質の被殻に影響を与える。試料に加える量はわずかでよく, 長期的に保存しないのであれば, 薄茶色になるくらい数滴滴下する程度で十分である（5 mL の試料に対して 1 滴 0.05 mL）。濃度では 1〜5%, 試料 100 mL に対して 1〜5 mL 添加する。筆者は中性タイプ（ヨウ化カリウム 20 g, ヨウ素 10 g を蒸留水 100 mL に溶かしたもの）を試料 100 mL に対して 2〜5 mL 添加している。

ルゴール液を固定に用いると, 細胞にヨウ素が取り込まれ, 沈殿しやすくなるため, 試料の濃縮（2.4節参照）にも好都合である。しかし, 細胞が茶褐色に染まってしまい, 染色や自家蛍光の蛍光顕微鏡による観察（第3章）には不向きである。ただしチオ硫酸ナトリウム（$Na_2S_2O_3$）により脱色できる（Pomroy, 1984）。固定試料 1 mL につき 3% チオ硫酸ナトリウム $Na_2S_2O_3$（3 g の $Na_2S_2O_3$ を 0.2 μm で濾過した超純水などに溶かしたもの）を 25 μL 加えるこ

表 2.3　植物プランクトン試料の固定法および各手法の利点と欠点

固定液	利点	欠点
ルゴール	鞭毛藻や繊毛虫の破壊・変形・収縮度合いが少ない 細胞の沈殿を促し濃縮に好都合	色がつく （チオ硫酸ナトリウムで脱色可能）
酸性 中性 アルカリ性	鞭毛が保存される	円石藻や渦鞭毛藻の石灰質組織を破壊 小型鞭毛藻が保存されにくい 珪藻のケイ酸質の被殻に影響を与える
ホルマリン	室温での長期保存が可能。動物の固定にも適している	有害（劇物），匂いがきつい 鞭毛藻の細胞が破壊・収縮する
グルタルアルデヒド	透明なため染色に適している 鞭毛藻の収縮が少ない 透明なため染色に適している	有害（劇物），匂いがきつい 固定試料は冷蔵庫に保存する必要がある
アルコール	遺伝子解析に用いることができる	置換に手間がかかる 色素が抜ける（生死判定が不可能）

とで色が脱け，染色を行い蛍光顕微鏡下での観察が可能になる。固定試料は直射日光に当たらないよう，暗所室温または冷蔵庫（4℃）で保管する。もし色が抜けていれば，再びルゴール液を加えることで，数年は保管できる。

グルタルアルデヒド（glutaraldehyde）は，固定に伴う鞭毛藻などの収縮が少ない。また透明なため，染色に適している。固定には，市販されている 25% のグルタルアルデヒド水溶液を用いて，最終濃度は 1% になるように試料に加える（試料 100 mL に対して 25% グルタルアルデヒドを 4 mL 加える）。使用にあたっては，匂いがあり，人体に有害（劇物）であるため，ドラフト内で扱う。固定した試料は冷蔵庫（4℃）で保管する。固定試料を検鏡する際は，顕鏡試料にカバーガラスや蓋をする，もしくは顕微鏡のそばに吸引器を設置し，観察者が揮発した固定試薬を吸い込まないようにする。

ホルマリン（formalin solution）は，室温での長期保存が可能なため古くから用いられてきた。一般的には最終濃度が 0.4〜5% ホルムアルデヒド溶液になるように試料に加える（表 2.4）。市販のホルマリンは 37〜40% ホルムアルデヒド溶液のことである。炭酸水素ナトリウム溶液で中和した中性のものが一般的に用いられる。動物プランクトンの固定にはホルマリン原液にショ糖を加えたシュガーホルマリン（最終濃度 2〜4%）が用いられる場合が多い。ホルマリ

表2.4　ホルムアルデヒド固定液のレシピ（Andersen and Throndsen, 2004 より改変）

中性ホルマリン (40% ホルムアルデヒド溶液)[a]	ホルマリン (5% ホルムアルデヒド溶液)[b]	中性ホルマリン (20% ホルムアルデヒド溶液)[c]
40% ホルムアルデヒド 100 mL	40% ホルムアルデヒド 100 mL	40% ホルムアルデヒド 500 mL
炭酸水素ナトリウム適量 (pH を 7 に調整)	濾過海水（湖水）700 mL	蒸留水 500 mL
四ホウ酸ナトリウム十水和物 5 g		ヘクサメチレンテトラミン 100g

a　最終濃度 0.4～1.2% となるよう試料に加える（西條・三田村，1995）。試料 100 mL に対して 40% ホルムアルデヒド溶液を 1～3 mL 加える。
b　最終濃度 1.5% となるよう試料に加える。試料 100 mL に対して 5% ホルムアルデヒド溶液を 30 mL 加える。
c　最終濃度 5% となるよう試料に加える。試料 100 mL に対して 20% ホルムアルデヒド溶液を 25 mL 加える。

ンで固定すると，鞭毛藻の細胞が破壊・収縮することもある。いずれも，匂いがきつく，人体に有害（劇物）である。グルタルアルデヒドと同様に，作業はドラフト内で行い，固定試料を検鏡する際は極力吸引しないよう，顕鏡試料にカバーガラスや蓋をする，もしくは顕微鏡のそばに吸引器を設置する。

遺伝子解析に用いる試料の固定には，アルコール（99% エタノール）が適している。アルコールは色素を抽出してしまうため，顕微鏡で観察する試料の固定液としては一般的には用いられていない。またアルコールで固定する場合には，細胞周りの水をすべてアルコールで置換する必要があるため，現場で使用しにくい。アルコール固定した試料を用いた遺伝子解析の成功率は，固定しない試料よりも下がるため，使用に際しては注意が必要である。

試水をそのまま冷凍（−20℃）するのは，抗体の作成に有用である。ただし，冷凍後でも細胞の形が残るかを事前に確認したほうがよい。

2.4　試料の濃縮方法

貧栄養から中栄養の湖や海洋では，試水中に含まれる多くの植物プランクトン種の密度は低いため（一般的に 1 mL あたり 1000 細胞以下），試料を濃縮してから計数する必要がある。一方，富栄養湖の試料は，濃縮せずに計数することができる場合が多い。例えば印旛沼の植物プランクトン密度は 1 mL あたり 10,000 細胞を超える。

プランクトンを濃縮するには，重力沈殿による濃縮方法（2.4.1項）と，ネットやメッシュを用いた濃縮方法（2.4.1項）がある。ただし，2.2節で述べたように，ネット濃縮では目合いより小さい種類を逃すため，全種を対象とした定量的な計数には不向きである。

2.4.1 重力沈殿による濃縮方法

数日間静置してプランクトンを沈殿させる方法（静置沈殿法）と遠心分離器にかけて沈殿させる方法（遠心沈殿法）がある。静置沈殿法では，まず固定した試料を定量し，メスシリンダーやイモフコーンなど細長いガラス容器に入れ，1日以上冷暗所で静置し，プランクトンを沈殿させる。上澄みをサイフォン（VまたはU字の細い管）やピペット，アスピレーターを用いて吸引し，静かに捨てる。濃縮が足りなければ，濃縮試料をさらに小容量の遠沈管や細長いガラス容器などに入れて1日以上冷暗所で静沈し，上澄みを取り除いて濃縮する。最終的には液量が5～20 mL程度になるまで濃縮し，濃縮後の試料の容量を正確に測定する。

遠心沈殿法では，遠沈管に一定量の試料を入れ，3000 rpmで15分程度遠心分離した後，上澄み液をピペットで取り去る。濃縮度合いにより作業を数回繰り返し，最終的に10～20倍程度に濃縮する。遠心沈殿法は，静置沈殿法に比べて短時間で濃縮できるが，複数のプランクトンが塊になって見えにくい場合もある。また遠心により細胞やコロニーが破壊されたり，沈殿しない種を逃す可能性がある。

2.4.2 ネットを用いた濃縮方法

小型のハンドネット（図2.5）やメッシュ（図2.6）に試水を通して，濃縮する。この方法は定量的な計数には不向きであるが，単離培養や観察には便利である。目合いは対象とする種に合わせ選択するとよい。一般的に5～20 µmの目合いが用いられる。メッシュを用いる場合，固定する筒は広口のポリカーボネートボトルなどの底部と蓋の内側をカッターナイフなどで切り落とし作成するとよい（図2.6）。メッシュを蓋と本体の間に挟み，蓋を閉める。その筒をビーカーの上にセットし，試水を注ぎ入れ，メッシュ上に濃縮されたプランクト

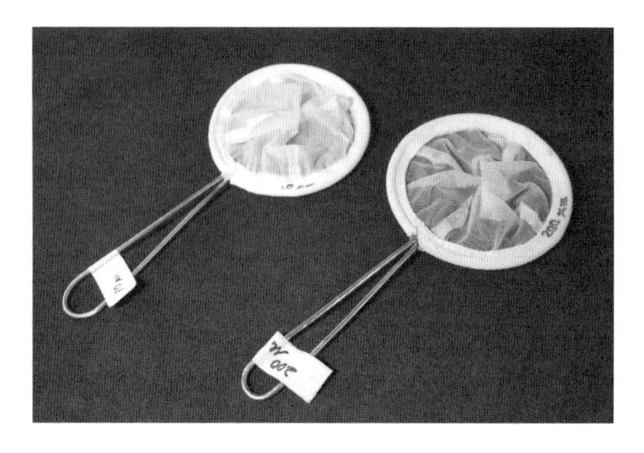

図 2.5　小型のハンドネット

目合いや直径を変更することも可能である。写真のは目合いが 20 µm（左）と 200 µm（右）のもので，田中三次郎商店より入手できる。

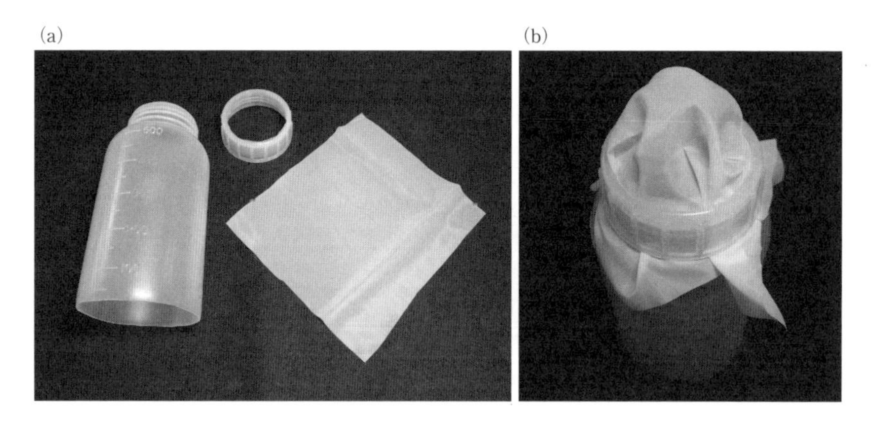

図 2.6　メッシュとそれを挟む手製の筒

(a) ポリカーボネートボトル 500 mL の底部と蓋の内側をカッターナイフで切り落とし作成した。(b) メッシュは蓋と筒の間に入れ，蓋を締めることで固定される。オートクレーブで滅菌することも可能である。

ンを観察する。筒をビーカーの底まで入れ，メッシュが試水につかった状態で濃縮すれば，プランクトン粒子を乾燥せずに濃縮できる。

第3章 植物プランクトンの計数

3.1 はじめに

植物プランクトンの計数は，地道な作業で根気を要する。光学顕微鏡下で種を正確に同定するのは難しいうえに，種名は現在も改定され続け，図鑑の名前が必ずしも最新の種名と一致するわけではない。

このように書くと絶望的に聞こえるが，最初から種を正確に同定しようとせず，まずは図鑑の写真との絵合わせから始めることが重要である。試料を見ていくうちに，微妙な形の違いも見分けられるようになる。また生態学的な研究においては，必ずしも種名を正確に決める必要はない。対象の種を確実に見分けられれば，その種の個体群動態を追うことができる。群集の多様性や類似度を求める場合には，一定の基準で種もしくは属を分けることが重要で，種名を定めず緑藻類 A, B, C, D や珪藻 A, B, C のように数えても構わない。

顕微鏡を覗くと発見もある。例えば，同じ種でも細胞の状態が違ったり，原生生物や菌類が付着していることに気づくと，それが植物プランクトンの個体群動態を理解するうえで重要なヒントとなることもある（第10章参照）。染色法を併用すれば，細胞の生死を評価できる（例えば TUNEL 法；Berman-Frank *et al.*, 2004；鏡味，2012）。

これまでに植物プランクトンを自動的に計数する技術は開発され続けている。フローサイトメーター（flowcytometer）では，色素やサイズの違いごとに植物プランクトンを数えられる（Marie *et al.*, 2005）。抗体などを用いて染色すれば（Scholin *et al.*, 2003），特定の種類のみを自動計数できる。機種によっては，計数だけでなく特定の粒子を集めることも可能で，その方法は FACS（fluorescence activated cell sorting）と呼ばれる。コールターカウンター（Coulter counter）では，粒子の数と体積を自動で計測し，サイズ組成や密度が求まる。フロウカム（FlowCAM）では，写真を撮影し計数するため，複数の種が混在する自然界の試料についても種ごとに密度を求めることができる。

DNA 解析により植物プランクトンの種組成を把握する技術は，2010 年以降著しく発展した。とくに，大量シーケンサー（次世代シーケンサー）を用いた網羅的解析（DNA メタバーコーディング）により多試料中の多様な植物プランクトン相を一気に把握できる（本シリーズ 東樹，2016 参照）。ただし，網羅的解析の結果は各配列（operational taxonomic unit, OTU や amplicon sequence variant, ASV）のリード数もしくは割合（相対出現頻度）として出力されるため，各種の細胞密度とは一致しない。また，植物プランクトンの DNA データベースは未だ乏しく，バーコーディングに用いられる DNA 領域（リボソーム RNA 遺伝子（rDNA）やルビスコ遺伝子（*rbc*L）など）では特定の分類群しか種同定できない。さらに，標的とする DNA 領域のコピー数は種や系統により異なるため，一律にリード数から細胞数に換算できない。ただし，最近では珪藻の *rbc*L 遺伝子のコピー数と細胞体積には関連性が認められ（Vasselon *et al.*, 2018），生物量の評価として *rbc*L 遺伝子の有用性が高くなっている。近い将来，DNA データベースの充実化とともに適切な DNA メタバーコーディング手法が確立されれば，水質モニタリングの現場などにおいても遺伝子解析技術が活用されるであろう。これらの手法は，現在急速に進展しているため，本書ではあえて紹介しない。

本章では，光学顕微鏡を用いて計数する方法について，計数板の種類や計数の仕方など具体的な作業手順に焦点を当てて紹介する。また，蛍光顕微鏡を用いたピコプランクトンの計数方法について概説する。計数結果から生物量（細胞体積）やタクサ（種など）の多様性を計算する方法について説明する。なお，計数方法は他書で詳細に書かれているので参照いただきたい（Wetzel and Likens, 2000; Andersen and Throndsen, 2004; Bellinger and Sigee, 2015）。形態にもとづく種同定については付録で紹介した図鑑やハンドブックを参考にしてほしい。

3.2　計数板の種類

計数板は様々あり，顕微鏡の種類（正立か倒立），試料の特徴（多様な種が混在する野外試料か，単一種からなる培養試料か），対象種の細胞の大きさや密度に合わせ，適切な計数板を選ぶとよい（表3.1）。

正立顕微鏡を用いる場合，容量が最も大きいのは1 mL容量のセジウィック・ラフターチャンバー（Sedgwick-Rafter chamber，離合社，界線入計数板1 mL）である（図3.1a）。同様のもので，界線が赤く太い安価なものもある（図3.1c）。プランクトン計数板（松浪硝子工業）はプラスチック製の使い捨てタイプで，比較的安価なため学生実験など多数枚必要な時に便利である（図3.1b）。河川水辺の国勢調査では，0.5 mm目の界線入りスライドガラス（枠なし）に18×18 mmのカバーガラスを用いて，0.05 mL試料を計数する方法が標準とされている。血球計数盤（Thoma, Fuchs-Rosenthalなど）は容量が小さいため（図3.1d, e），培養している特定の植物プランクトンなど，密度が高い試料を数える際に適している。

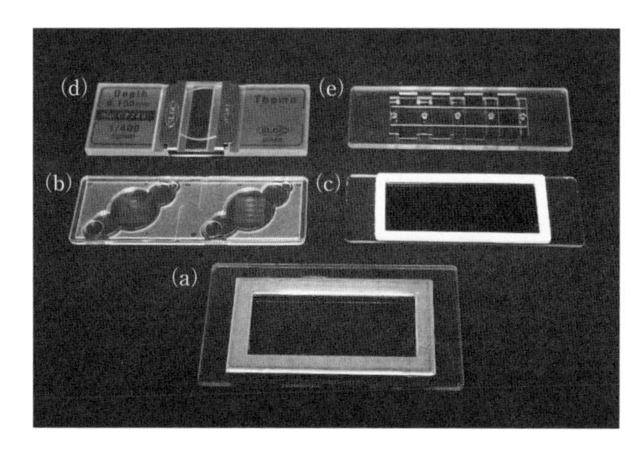

図3.1　植物プランクトンの計数に用いられる計数板

(a) セジウィック・ラフターチャンバー（Sedgwick-Rafter chamber）（離合社）。試料は1 mL入る。
(b) プランクトン計数板。試料は0.1 mL入る。計数部分が洗いにくいため，使い捨てる。
(c) 界線スライドガラス（松波社）。試料は1 mL入る。枠がないものもある。
(d) 血球計数盤（Thoma）。試料は0.0001 mL入る。
(e) 血球計数盤（Thoma）。使い捨て用。
口絵6参照。

表3.1　試料に応じた計数板の種類

試料の種類	計数板の種類	容量（mL）	感度（cells L^{-1}）	顕微鏡	最大倍率	計数可能な細胞サイズ（μm）	利点	適した試料のタイプ	写真撮影
野外試料	セジウィック・ラフターチャンバー（Sedwick-Rafter chamber）	1	1,000	正立顕微鏡	200倍（長作動レンズ400倍）	50–500	容量が大きい	大型植物プランクトンを計数する場合	○
	ウタモールチャンバー（Utermöhl chamber）	1–50	20–1,000	倒立顕微鏡	600倍	5–500	密度が低い試料でも濃縮が可能 観察，写真撮影がしやすい	沈まない種類には不向き	◎
	界線入りスライドガラス	0.05	20,000	正立顕微鏡	600倍	5–100	カバーガラスのサイズで容量がかわる	河川水辺の標準調査法	△
	ポリカーボネートフィルター上に捕集	1–100	10–1,000	蛍光顕微鏡	1000倍（油浸レンズ）	2–30	小型の種類を自家蛍光により検出できる	ピコプランクトンを計数する場合	○
培養試料	血球計数盤（Fuchs-Rosenthal）	0.003	400,000	正立顕微鏡	200–400倍	5–75	密度の高い試料の計数が可能	単一藻類	○
	血球計数盤（Thoma）	0.0001	1,000,000	正立顕微鏡	200–400倍	2–30	密度の高い試料の計数が可能	単一藻類	○
	プランクトン計数板	0.1	10,000	正立顕微鏡	200倍（長作動レンズ400倍）	10–100	使い捨てで安価なため，実習時に便利	単一藻類	△

図 3.2　ウタモールチャンバー（Utermöhl chamber，離合社）
写真のものは 5 mL（左）または 10 mL（右）試料が入る。

倒立顕微鏡を用いる場合，ウタモールチャンバー（Utermöhl chamber, 離合社ではプランクトンチャンバーとして販売）は計数時に試料の濃縮ができ，密度が低い試料に適している（図 3.2）。染色液も加えやすい。底のガラスが薄いため，ガラスの厚みに対物レンズが干渉されずに観察できる。

3.3　細胞はいくつ数えるべきか？：計数の誤差

特定の植物プランクトン種の密度を求める場合，何細胞数えれば十分といえるのか。求める精度にあわせ，計数に伴う労力を最適化することが望ましい（Lund *et al.*, 1958）。1 試料 1 種あたり 400 細胞（もしくはコロニー），少なくとも 100 細胞は数えることが基準となる（表 3.2）。

計数による 95% 信頼区間は，ポアソン分布に基づき，数えた数 N に対して

表 3.2　計数した細胞数と 95% 信頼区間（Lund *et al.*, 1958）

計数した細胞数 N	信頼区間　±%	信頼区間（細胞数）
4	±100%	0-8
16	±50%	8-24
100	±20%	80-120
400	±10%	360-440
1,600	±5%	1,520-1,680
10,000	±2%	9,800-10,200
40,000	±1%	39,600-40,400

約 $2/\sqrt{N}$，もしくは約 $200/\sqrt{N}$% となる（表 3.2）。16 細胞（コロニー）計数すると信頼区間は 8～24 となり 50% の誤差を含む。100 細胞（コロニー）計数しても 20% の誤差を含む。400 細胞（コロニー）計数すれば，誤差は 10% 以内におさまる。ただし，これらの誤差は計数板の上で細胞がランダムに分布していることを前提としている。細胞がランダムに分布しているかは，カイ二乗（χ^2）検定で検証できる。

先述の誤差は採集の誤差を考慮していない。計数の際に生じる誤差だけでなく，野外で試料を採集する際，また試料から計数板に分取する際に誤差が生じる。特に，密度が極端に低い試料では，試料分取に伴う誤差が大きくなり，上記の信頼区間に基づく誤差は当てはまらない。

3.4　群体（コロニー）の計数方法

植物プランクトンには単細胞の種だけでなく，複数の細胞が集まってコロニー（群体）を形成する種も存在する（図 3.3）。コロニーあたりの細胞数は，細

(a) イカダモ *Scenedesmus* の分裂様式

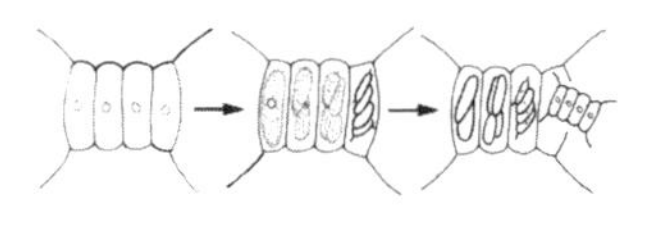

(b) 細胞が規則正しく配置されたコロニー

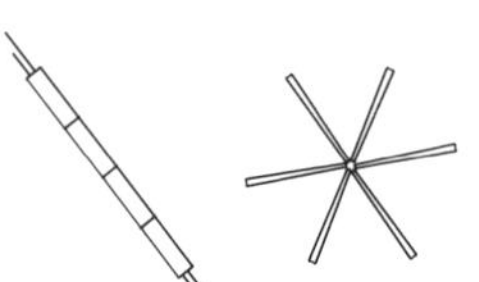

Fragilaria　*Aulacoseira*　*Asterionella*

(c) 小さい細胞が集まったコロニー

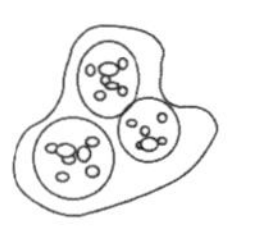

Sphaerocystis　*Microcystis*

図 3.3　植物プランクトンのコロニー（群体）の形状

一部の種類は，細胞が集まってコロニー（群体）を形成する。

(a) イカダモ（*Scenedesmus*）やクンショウモ（*Pediastrum*）は，1 つの細胞からコロニーがでてくる。コロニーあたりの細胞数は環境に応じて異なり，1, 2, 4, 8, 16 個になる。

(b) 珪藻（*Fragilaria, Aulacoseira, Asterionella* など）は細胞が規則正しく配置されている。

(c) 緑藻やラン藻（*Sphaerocystis, Microcystis* など）には，小さな細胞が集まり，周りに粘質鞘をもつ種類もいる。

胞の分裂速度や捕食者の存在によって異なるため，その種の状態やさらされている環境を推察するうえで重要な指標となる。例えばイカダモ（*Scenedesmus*）はミジンコの匂い（カイロモン）を感知するとミジンコに捕食されにくくするために，コロニーあたりの細胞数が多くなる（Hessen and Van Donk, 1993）。

コロニーの形状は，*Dolichospermum*（*Anabaena*）のように細胞が連なって糸状のコロニーを形成する種（filamentous algae）や，*Microcystis* のように細胞が集まって球状になるものなど，様々である（図 3.3）。*Asterionella* や *Fragilaria, Dolichospermum* は，細胞が規則正しく配置されている。このように規則正しく並ぶコロニーやまっすぐな糸状のコロニーであれば，コロニーの長さを測り，細胞数もしくはコロニーの体積に変換できる。*Microcystis* のような大量の細胞が集まっている場合，すべてのコロニーについて，細胞数を求めるのは大変である。コロニーをバラバラにして細胞数として数える，もしくは1コロニーあたり（コロニー面積あたり）の平均細胞数を測定しコロニー数や面積から細胞数に換算する方法がとられる。コロニーをバラバラにするには，*Microcystis* はアルカリ加水分解や超音波処理（Reynolds and Jaworski, 1978），*Uroglena* はルゴール固定が有効である（Kagami, unpublished）。

1コロニーあたりの細胞数は，季節や深度によってばらつくため，それらのばらつきも考慮に入れて，計測すべきコロニーの数や試料数を決める必要がある。Reynolds and Jaworski（1978）は *Microcystis* のコロニーの直径 x と細胞数 y の換算式（$\mathrm{Log}_{10}\, y = 2.99 \log_{10} x - 2.80$）を求め，試料を用いてコロニーの直径を計測することにより，細胞数を計算した。ただしコロニーの形は必ずしも円形ではないため，直径よりもコロニーの面積を画像ソフトで求めるほうが正確である。顕微鏡カメラに付随するソフトや，Image J のようなフリーソフトを用いて画像から求めるとよい。写真を撮る際にスケールを入れたり，同じ倍率で対物ミクロメーターを撮影しておく。

3.5　計数方法（光学顕微鏡）

計数板には色々な種類があるが（表 3.1），ここでは筆者が最も用いているセジウィック・ラフターチャンバー，ウタモールチャンバー，および血球計数盤

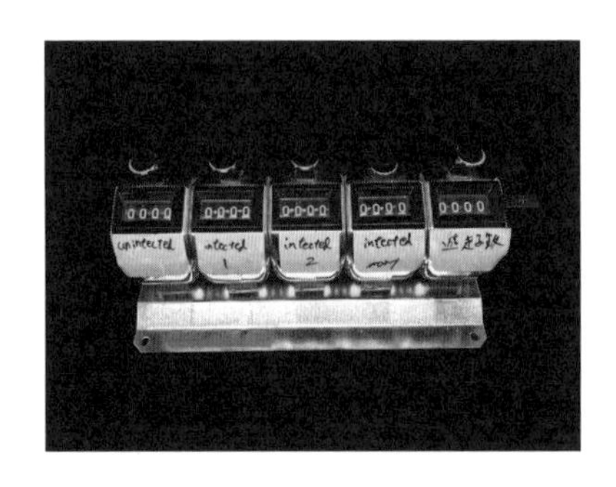

図 3.4　計数カウンター
カウンターが複数連なっているものであれば，複数種を同時に数えることができる。また1種について細胞の状態やコロニー数を分けて数えることも可能である。

について紹介する。計数する際にはカウンターが複数並んでいるもの（図 3.4）を用いると，同時に複数種計数することができる。計数結果は随時手書きで枠付きの紙に書き込む方が，メモもとれてよい（図 3.5）。

3.5.1　セジウィック・ラフターチャンバー

セジウィック・ラフターチャンバーは，密度が高すぎない試料に適している（100～10,000 細胞 mL^{-1}）（表 3.1）。試料とカバーガラスの間に厚みがあるため，正立顕微鏡を用いる場合，10～20 倍の対物レンズ（100～200 倍）で観察することになる。そのため計数の対象は比較的サイズの大きい種類（>20 μm）に限られる。長作動の対物レンズであれば 40 倍や 60 倍（400～600 倍）での計数も可能である。

セジウィック・ラフターチャンバーは，目盛りの入ったガラス板（33×70 mm）と金属枠（20×50 mm，深さ 1 mm）からなる（図 3.6）。購入時はガラス板と金属枠が別々に届くため，エポキシ樹脂などを用いて両者を貼り付ける。金属枠にカバーガラスをのせると，枠内の容量は 1 mL となるが，正確な容量は計数板ごとに事前に計測しておくとよい（水を入れる前と入れたあとの重さを測定）。金属枠内には縦に 20 本，横に 50 本の線があり，合計 1000 個のグリッドがある。より細かい目盛りのガラス板（縦 40 本，横 100 本）もある。

以下の手順で試料を準備し計数する。

(1)　試水内のプランクトンが均一に分布するように，事前に試料を混ぜる。強

20 mL

No. 98・4・7

970807

	0m	2.5m	5m	10m
S. dorsidentifer	554(12) 34ペア	491(16) 26ペア	552(25) 32ペア	289(24) 2ペア
arctiscon	27	23 1ペア	47	75
pingue	16(1) 2ペア	14(3) 1ペア	27 2ペア	5(2)
Closterium	72	72	68(1)	62(3)
Ceratium	129(23)	127(20)	109(36)	106(32)
Aphanothece	28 60 115 164 ④	2 82 [illegible] 136 ④	28 105 156 216	4 7 38 43 ④
M. sp	5 14 20 26	7 15 20 25	8 15 23 26	5 10 19 24
☆ Synecococcus?	136, 179, ← Fuch	105, 107 Fuch	72, 93 Fuch	82, 63 85, Fuch
Oocystis solitaria	3 26 56 63	4 6 25 48 61	8 8 12 17	7 12 22 26 31
	4 5 12 14	5 7 12 14	4 2 3	2 3 5 7
parva	14		3 3 7	8 15
	2		1 2	2 3
Sphaerocystis	20 78 126 137	8 5 82 92 119	29 52 99 124	15 47 49 67
	4 3 5 7	4 2 6	4 2	
Elakatothrix	10 14 24	2 3 46	2 2	
Coelastrum	4 3 4	2 2	4 3 3 5	4 3
Scelenastrum	4 3	2	4 2 2	1
Gloeocystis	8 18 24 29	4 5 16 20	2 3 8 11	8 1
Cosmocladium	13 26 49 61	6 30 48 54	19 32 44 55	1 7 7 31 45
Crucigenia		4 11	8 4 1	8 20
Cryptomonas 大 小	1	1	4 2	
M. solida	4 11		4 4 50 80	5 5
Stephanodiscus	5 10 19 25	5 7 19 24	4 17 26 36	26 51 64 76
コクヨ シヨ-25 (2)	4 4	4 2 3 5	5 7 8 9	4 4 8

Fragilaria 15 18 22, 4

図 3.5　計数シートの例

調査日ごとに新しいシートを作成し，出現する種類を左にリストアップし，各深度ごとの細胞数を書く。ここでは琵琶湖で 1997 年 8 月 7 日の 0 m, 25 m, 5 m, 10 m の計数結果。計数した日付（1998.4.7）や試料全体の容量 20 mL をメモしておく。*Staurastrum* や *Closterium* など大型の種類（上から 5 列）は計数板（セジウィック・ラフターチャンバー）全体を数えた。原形質の抜けた殻を分けて数え括弧内に表記，分裂中の細胞はペアとして記録した。小型の種類は計数板の 1 列を数えるたびに数えた細胞数を記録し，その数が十分になるよう計数する列が増やし上書きしていく。ここでは 4 列で計数を終了した。

く撹拌すると細胞やコロニーが壊れるおそれもあるため，ゆっくり 10 回を目安に試料瓶を上下に回転させる。

(2) 計数板の金枠上にカバーガラスを半分かぶせる。試料は開口が大きめのピペットを用いて採取し，隙間から気泡が入らないように計数板に一気に入れる（図 3.6）。カバーガラスを完全にかぶせると，枠内の水量は 1 mL となる。

(3) 細胞が計数板の底に沈むまで数分待った後，計数する。事前に低倍率（100 倍）で全体をスキャンし，試料の分布に偏りがないか調べるとよい。

(4) 対象種が低密度であれば計数板全面を数え，高密度であれば縦か横に数列，

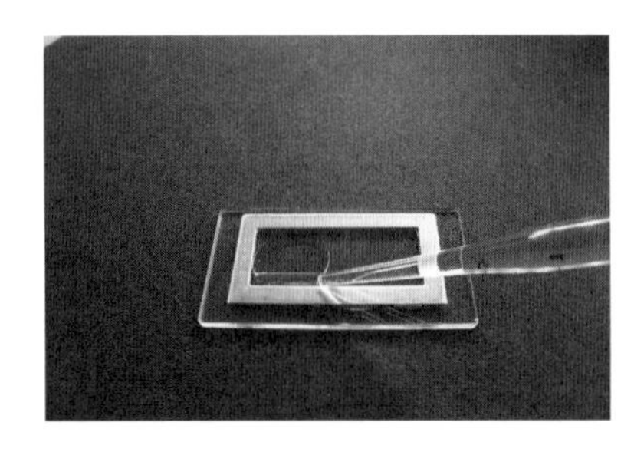

図 3.6　セジウィックラフターチャンバー（離合社）への試料の入れ方
計数板の金枠上にカバーガラスを半分かぶせ，隙間から気泡が入らないようにピペットを用いて試料を一気に入れる。

もしくは数グリッドをランダムに選び数える。400 細胞（もしくはコロニー）以上数えることを基準とし（3.3 節参照），計数する列数やグリッド数を決める。計数板の一部を数える場合には，端のほうのみを数えるのではなく，ランダムに列やグリッドを選ぶ。なお，セジウィック・ラフターチャンバーの場合は 1000 の全グリッドのうち 30 グリッド以上数えれば 90-95% の種をカバーしたと考えてよい（McAlice, 1971）。

(5) 細胞が区画線上にあるときは，一定の基準を設けて計数する。例えば，左および上の線に重なる細胞は数え，右および下の線に重なるものは数えない。

(6) 細胞の中には原形質の抜けた殻も含まれる。通常の細胞密度は生きたもののみを対象に計測する。原形質の抜けた殻は，別に数えるか，無視する。ただし，殻の細胞数から，個体群の死亡率を推定できる（Kagami *et al.*, 2006; 第 9 章参照）。殻の残る珪藻・緑藻・渦鞭毛藻で有効である。

(7) 数えた列数やグリッド数から計数板全体（固定試料 1 mL あたり）の密度に換算し，濃縮率から試水中の密度を求める。

$$\text{細胞数}(\text{cells mL}^{-1}) = \frac{\text{総細胞数} \times \text{全グリッド数}}{\text{計数グリッド数}} \times \text{濃縮倍率}$$

縦 20 列，横 50 列からなる計数板では，例えば横に 1 列数えたのであれば計数した細胞数を 20 倍する，縦に 1 列数えたのであれば計数した細胞数を 50 倍することで，濃縮試料 1 mL あたりの細胞密度となる。20 倍濃縮

（例えば 500 mL を 25 mL に濃縮）の試料であれば，濃縮倍率 20 をかけ，試料 1 mL あたりの細胞密度を求める。

3.5.2　ウタモールチャンバー

ウタモールチャンバー（図 3.2）は，筒と底面ガラスとそれを密着させる金属リングからなっている。試料を入れる筒には 1 mL から 100 mL まであり，筒中のすべての細胞を底面ガラス上に沈ませた後に計数する。底面ガラスにマス目はないため，接眼レンズにグリッドを入れて計数する（図 3.7）。グリッドの面積は，対物レンズの倍率ごとに対物ミクロメーターを用いてを測定する。以下に，グリッドの面積の求め方と計数手順を記す。

(1)　倒立顕微鏡の接眼レンズにグリッドを入れる。グリッドには色々な種類があるが，10×10 のマス目のものが用いやすい。グリッドは Whipple Disk とも呼ばれ（Throndsen and Sournia, 1978；図 3.7），顕微鏡の接眼レンズのサイズにあわせて直径 19 mm, 21 mm, 24 mm のものが販売されている。対物ミクロメーターをステージに設置し，接眼レンズを回してグリッドとミクロメーターの目盛りを視野の中で一致させる。対物レンズの各倍率で，対物ミクロメーターを用いてグリッドの目盛りの長さを測る。

(2)　ウタモールチャンバーの計数部分の直径を測る。例えば直径が 2.5 cm で

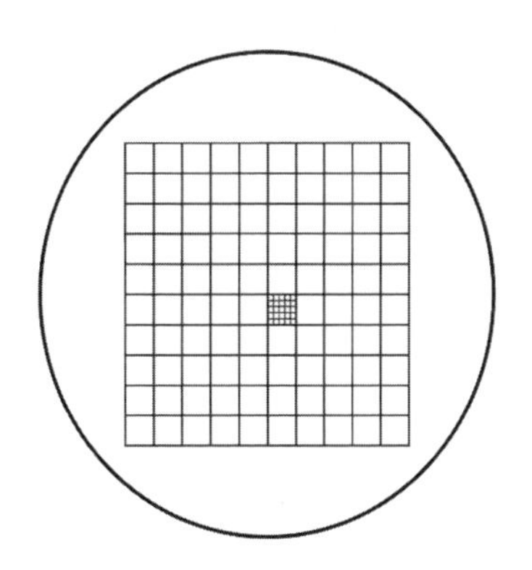

図 3.7　接眼レンズに装着するグリッド
グリッド内に 10×10 の枠がある。グリッドの面積は対物レンズの倍率ごとに，対物ミクロメーターを用いて測定する。

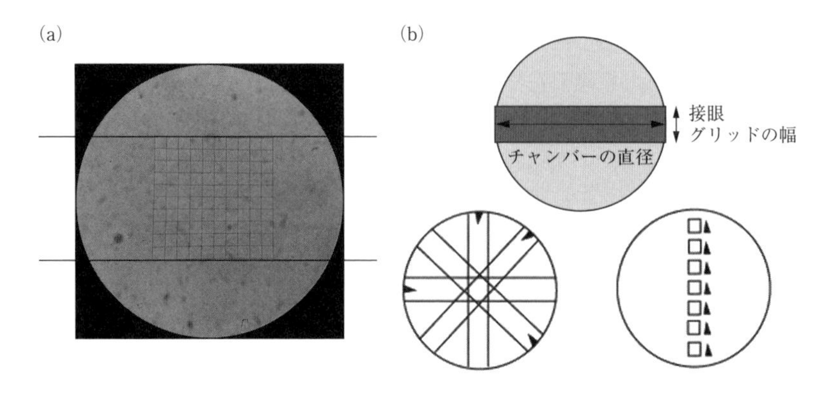

図 3.8　ウタモールチャンバーの計数方法

(a) 接眼レンズのグリッド内に収まる細胞のみを対象に，横一列を計数する。(b) 数えた列数（もしくは枠数）から計数した面積を求め，グリッドの面積とチャンバーに入れた試料の量から細胞密度を求める。

あれば，チャンバーの総面積は 4.91 cm² である。

(3) 試料中のプランクトンが均一に分布するように，試料瓶を混ぜる。

(4) 試料はマイクロピペットを用いて一定量正確に採取し，チャンバーに入れる。チャンバーの上にガラス板をのせると，試料の揮発を防ぐことができる。

(5) 細胞がチャンバーの底に完全に沈むまで数十分から数時間静置する。計数する前に低倍率 (100 倍) で全体をスキャンし，試料の分布に偏りがないか調べるとよい。

(6) 対象種が低密度であればチャンバー全面を数え，高密度であれば数列，もしくは数グリッドをランダムに選び数える。400 細胞 (もしくはコロニー) 数えることを基準とし (3.3 節参照)，それに応じて計数する列数やグリッド数を決める。列で数えるときはチャンバーの中心を必ず通るように放射状に列を選ぶ (図 3.8)。その場合，1 列の計数面積は接眼グリッドの幅×チャンバーの直径の長方形として計算できる。

(7) 数えた列数やグリッド数からチャンバー全体の面積に換算し，チャンバーに入れた試料量と濃縮率から試水中の密度を求める。以下の式から 1 mL あたりの細胞数を計算できる。

$$細胞数(\text{cells mL}^{-1}) = \frac{計数した細胞数 \times チャンバーの面積(\text{mm}^2)}{計数した面積(\text{mm}^2) \times チャンバーに入れた試料量(\text{mL})} \times 濃縮率$$

例えば，グリッドの面積が 0.49 mm^2（0.7 mm×0.7 mm），10 グリッド計数し総細胞数が 500，試料を 2 mL チャンバー（491 mm^2）に入れたのであれば，細胞密度は 25050cells mL^{-1}（(500×491)÷(0.49×10×2)）と計算できる。もしチャンバーに入れた試料が濃縮したものであれば，濃縮率をかける。20 倍濃縮の試料であれば，濃縮倍率 20 をかけ試水 1 mL あたりの細胞密度を求める。

列で数えた場合には，グリッドの幅とチャンバーの直径から 1 列の面積を求め，上記の式に当てはめればよい。例えば，グリッドの幅が 0.7 mm，チャンバーの直径 2.5 cm であれば 1 列の面積は 17.5 mm^2（0.7 mm×25 mm），3 列計数し総細胞数が 300，試料を 2 mL チャンバー（491 mm^2）に入れたのであれば，細胞密度は 1403 cells mL^{-1}（(300×491)÷(17.5×3×2)）と計算できる。

3.5.3　血球計数盤

血球計数盤は，その名の通り血液中の白血球を数えるために開発された（図 3.9）。植物プランクトンを数える場合は，高密度の試料（1 mL あたり 10,000 細胞以上）が適している（表 3.1）。血球計数盤には複数の種類があり，密度が 1 mL あたり 100,000 細胞以上の場合にはトーマ（Thoma）を，10,000 から 100,000 細胞の場合にはフクスローゼンタール（Fuchs-Rosenthal）を用いるとよい。トーマの計測部は 1 mm × 1 mm，深さ 0.1 mm の枠があり，1×10^{-4} mL（0.1 μL）に相当する。フクスローゼンタールの計測部は 4 mm×4 mm，深さ 0.2 mm の枠があり，3.2×10^{-3} mL（3.2 μL）に相当する。以下の手順で試料を準備し，計数する。

(1) 専用のカバーガラスを血球計数盤に密着させる（図 3.9a）。専用の金具で密着させるのもあれば，円形のカバーガラスを回転させてニュートンリングが見えるよう密着させるのもある。事前に混ぜた試料瓶から，パスツー

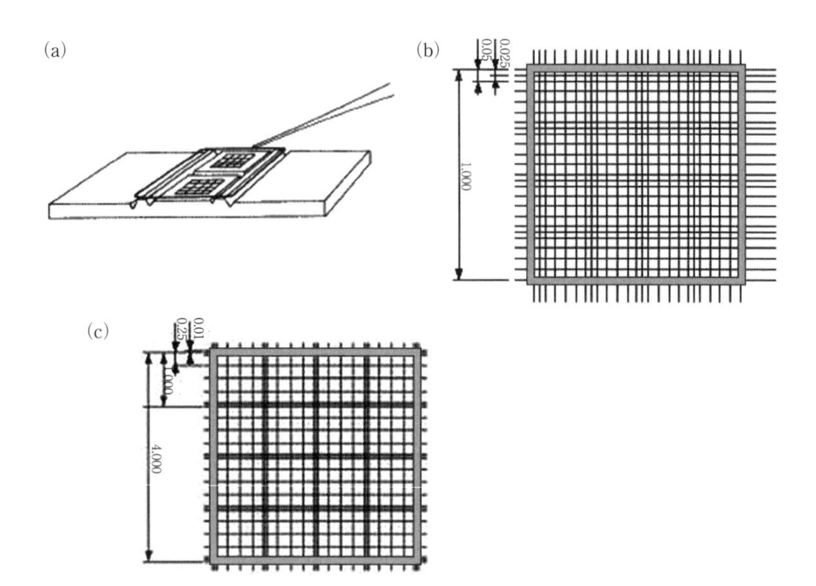

図 3.9　血球計数盤

血球計数盤には複数の種類がある。(a) 専用のカバーガラスを血球計数盤に密着させ，隙間から試料をいれる。(b) 密度が 1 mL あたり 100,000 細胞以上の場合にはトーマ（Thoma）を用いる。トーマの計測部（グレー枠）は 1 mm×1 mm，深さ 0.1 mm の枠があり，1×10^{-4} mL（0.1 μL）に相当する (c) 密度が 1 mL あたり 10,000～100,000 細胞の場合にはフクスローゼンタール（Fuchs-Rosenthal）を用いる。計測部（グレー枠）は 4 mm×4 mm，深さ 0.2 mm の枠があり，3.2×10^{-3} mL（3.2 μL）に相当する。

ルピペットを用いて試料を分取し，血球計数盤とカバーガラスの隙間からゆっくり入れる。

(2) 顕微鏡に計数盤をセットし，約 1 分静置する。400 細胞（もしくはコロニー）数えることを基準とし（3.3 節参照），それに応じて計数する区画数を設定する。

(3) 対物レンズは 40 倍まで使用できる。細胞が見えにくい場合には，顕微鏡の開光絞りを絞り，コントラストを上げるとよい。

(4) 計数した区画数から全区画中の細胞数に換算し，以下の式を用いて 1 mL 中の細胞数を求める。

トーマ：細胞数（cells mL^{-1}）＝ 全区画中の細胞数×10000

フクスローゼンタール：細胞数（cells mL^{-1}）＝全区画中の細胞数÷3.2×1000

3.6 蛍光顕微鏡を用いた計数方法

植物プランクトンは色素をもつことから，蛍光顕微鏡下で特定の波長の光（励起光）を当てると自家蛍光を発する（表 3.3）。小型のシアノバクテリア（ピコシアノバクテリア，picocyanobacteria，PCB）や鞭毛藻類など，光学顕微鏡下での観察や重力沈殿による濃縮が難しい種類には，蛍光顕微鏡による計数が適している。無色のグルタルアルデヒド（最終濃度 1%）で固定した試料を用いることが多い。ルゴールで固定した試料を用いる場合には，3% チオ硫酸ナトリウム（$Na_2S_2O_3$）を加え脱色する（2.3 節参照）。自家蛍光は微弱なため，蛍光灯など明るい場所での作業は避ける。

以下に，試料の作成方法（濾過）と計数方法を紹介する。

(1) メンブレンフィルター上に固定試料を濾過捕集する（図 3.10）。濾過には専用の濾過器（Advantec など）を用いて，直径 25 mm のポリカーボネイトでできたメンブレンフィルター上に濾過する（ヌクレポア Nuclepore 社のものが一般に用いられるためヌクレポアフィルターとも称される）。孔径は 0.2 μm や 0.8 μm など対象生物に合わせる。黒く染色された Black フィルターは観察に優れている。メンブレンフィルターを保護し，試料を均

表 3.3 蛍光顕微鏡の観察に用いられる蛍光試薬や色素とその特性

蛍光試薬または色素	励起波長ピーク (nm)	蛍光波長ピーク (nm)	染色対象	フィルター
蛍光試薬				
DAPI	350-365	450-470	核酸	UV
SYBER Green I	520	494	核酸	Blue
アクリジンオレンジ	470-500	530-640	核酸	Blue
FITC	470-500	520-640	タンパク質	Blue
Nile Red	485-530	525-605	油滴	Green
色素				
クロロフィル *a*	430-440	670-690		Blue
フィコエリスリン	564	575		Green

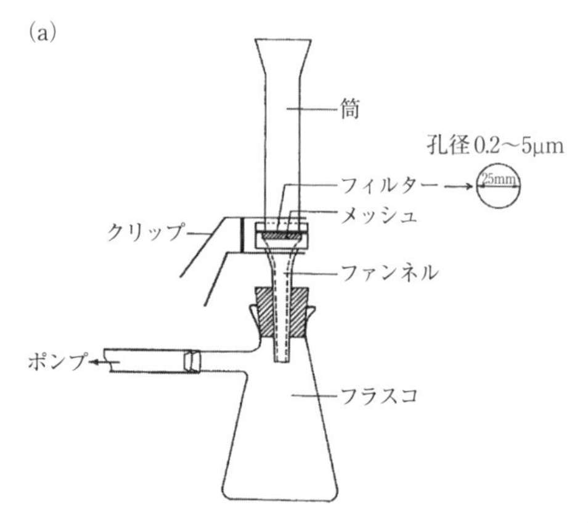

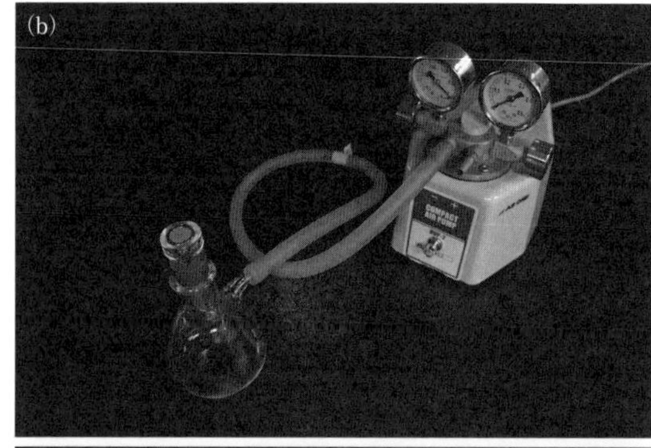

図 3.10　濾過器を用いた蛍光顕微鏡観察用試料の作成

(a) メンブレンフィルターをファンネルと筒の間に挟み，固定試料を筒に一定量入れ濾過捕集する。(b) 濾過には専用の濾過器（Advantec など）を用いる。吸引ポンプは，圧が調整できるものがよい。濾過器はフィルターを挟む前の状態。(c) フィルターをのせクリップで挟んだ後。口絵 7 参照。

等に載せるために，濾過時にメンブレンフィルターとファンネルの間に孔径 5 µm 程度のプレフィルター（Millipore 社の Isopore Membrane filter など）を挟むとよい。

(2) マイクロピペットを用いて固定試料を正確に量り取り，ファンネルに無菌水（<0.2 µm の超純水）を少量加えた後に注ぎ，軽く撹拌する。試料の量は生物密度による。湖水では 0.5〜1 mL を目安にするとよい。

(3) 吸引ポンプを ON にし，プランクトンをフィルター上に捕集する。ポンプをいったん止め，無菌水を少量加えて再び吸引する（フィルターおよびファンネルの洗浄）。

(4) 十分に水を引ききったら，フィルターを，あらかじめイマージョンオイルが 1 滴たらしてあるスライドガラス上に載せ，その上にさらにイマージョンオイルを 1 滴たらし，カバーガラスをかける（図 3.11）。カバーガラスを軽く押しつぶし，オイルがフィルター上に均等にひろがるようにする。対物レンズ 100 倍で観察する場合には，カバーガラスとレンズの間にオイルをさらに一滴たらす。なお，イマージョンオイルは無蛍光のものを用いる。

(5) 蛍光顕微鏡下で適切な励起光下で観察する（表 3.3）。シアノバクテリアは G 励起光下で赤く光る。クロロフィル a をもつ植物プランクトンは B 励起光下で赤く光る。ただし，励起光を当てすぎると蛍光が減衰するため，計数の際は注意する必要がある。励起光の強さにもよるが，一般に数分で減衰してしまう。

(6) 接眼レンズに方形枠のグリッド（図 3.7）を装着し，その内のプランクトンを計数する。400 細胞（もしくはコロニー）数えることを基準とし（3.3 節参照），計数するグリッド数を設定する。密度が高く 1 視野の方形枠内で 400 細胞以上超える場合には，そのすべて数えるのではなく，方形枠内のグリッドの一部の枠を数え，別のグリッドも一部の枠を数えるなどして，数えるグリッド数を増やしフィルター上を均一に数えるよう調整する。

(7) 濾過器のファンネルの面積（試料が濾過された面積）と，計数したグリッドの面積から，試料 1 mL あたりの細胞数を計算する（以下の計算式）。なお，グリッドの面積は対物ミクロメーターを用いて倍率ごとに求めておく

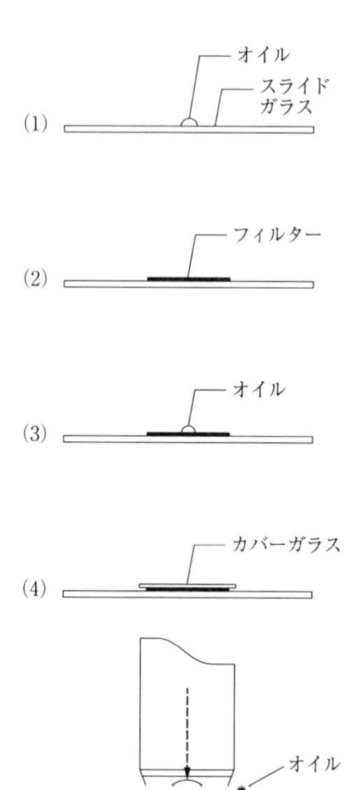

図 3.11　蛍光顕微鏡を用いた計数用のスライド作成
(1) イマージョンオイルをスライドガラス上に1滴たらす。(2) 植物プランクトンを捕集したメンブレンフィルター（直径25 mm）をその上にのせる。(3) フィルターの上にイマージョンオイルを1滴たらし，(4) カバーガラスをかける。(5) カバーガラスを軽く押しつぶし，オイルがフィルター上に均等にひろがるようにする。対物レンズ100倍で観察する場合には，カバーガラスとレンズの間にオイルを1滴たらす。

(3.5.2項の手順（1）参照)。フィルターの濾過面積は濾過器のファンネルの直径を測定し求める。以下の式から1 mLあたりの細胞数を計算できる。

$$\text{細胞数 (cells mL}^{-1}\text{)} = \frac{\text{計数した総細胞数} \times \text{フィルター濾過面積 (mm}^2\text{)}}{\text{計数したグリッドの面積 (mm}^2\text{)} \times \text{濾過した試料量 (mL)}}$$

上記の方法は，バクテリアや色素をもたない微細な生物（従属栄養鞭毛虫など）にも用いられる。ただし，自家蛍光をもたないため，濾過する前，蛍光色素を適量添加し染色する必要がある。蛍光色素には核酸を染色するSYBER GreenやDAPI，鞭毛などタンパク質を染色するFITCが用いられる（表3.3）。

3.7　生物量（体積・炭素量）への換算

植物プランクトンの細胞サイズは種によって数マイクロメートルから数センチメートルまで大きな幅がある。したがって植物プランクトンの群集組成や生物量を求める場合には，細胞数よりも体積や炭素量（μm^3, gC, gなど）として示す必要がある。一般に，生物量は種ごとに細胞体積（biovolume, μm^3）を測定し，換算式を用いて乾燥重量（g）や炭素量（gC）に変換して求める。

細胞体積（μm^3）は，細胞の形に近似する幾何学立体を用いて計算することができる（図3.12）。細胞体積は種間だけでなく同一種内でも大きくばらつくため，1種の平均細胞体積を求める場合には十分な細胞数を計測する必要がある。特に珪藻は細胞体積が分裂を繰り返すごとに小さくなるため，細胞体積のばらつきは大きい。また細胞体積は季節や深度，湖によって変わったり(Bellinger, 1977)，重金属汚染に伴い小さくなることも報告されている(Cattaneo *et al.*, 1998)。20～50細胞計測することで標準誤差が5の範囲内に収まることから，25細胞以上数えることが推奨されている（Hillebrand *et al.*, 1999; 図3.13)。ホルマリンなど固定液により細胞が収縮することもあるため，可能ならば採取直後の固定していない試料を用いて細胞サイズを計測することが好ましい。

これまでに細胞体積を検討した研究はいくつかあり，例えばHillebrand *et al.* (1999）は付着藻類も含めた850種以上の微細藻類について計測している。日本においては，琵琶湖など特定の湖沼については，種ごとの細胞体積がデータとして公表されている（表3.4；一瀬 他，1995; Kagami and Urabe, 2001)。他の湖沼のデータを適用することは推奨されていないが（Smayda, 1978)，各湖沼について1から計測するのは多大な労力を必要とするため，同種であり細胞体積がデータベースと著しく異ならないことを確認すれば，過去の研究を引用

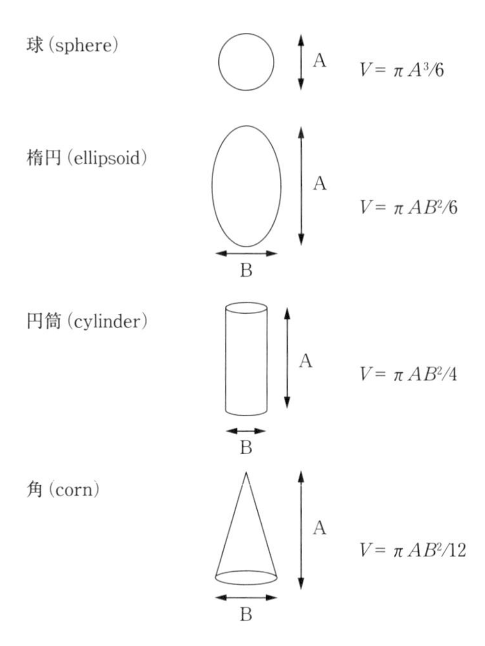

図 3. 12　植物プランクトンの細胞体積を見積もるために近似する幾何学立体と計算式（Hillebrand *et al.*, 1999, Bellinger and Sigee, 2015 をもとに作成）

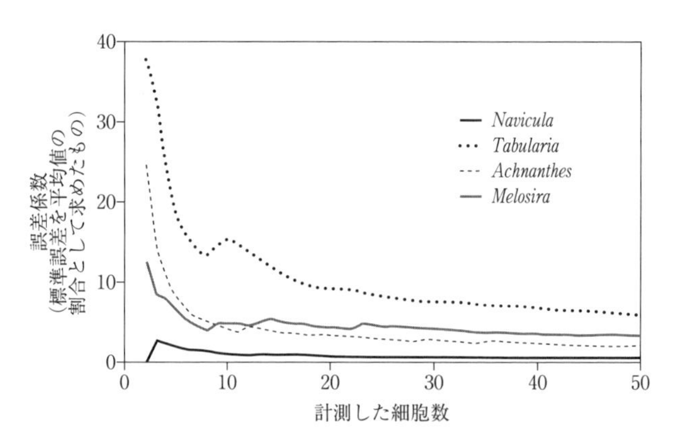

図 3. 13　4 種の珪藻の細胞サイズを計測した際の測定細胞数と誤差の関係

いずれの種も 10 細胞以上計測すれば誤差はかなり抑えられる。20〜50 細胞計測することで標準誤差が 5% 以内に収まることから 25 細胞以上数えることが推奨されている（Hillebrand *et al.*, 1999 に基づく）。

表 3.4 琵琶湖の代表的な植物プランクトンの細胞サイズ（Kagami and Urabe, 2001 を改変）

種名	細胞体積（μm^3）
珪藻	
Asterionella formosa	350
Aulacoseira granulata	1500
Fragilaria crotonensis	755
Nitzschia spp.	30
Stephanodiscus carconensis	4200
緑藻	
Ankistrodesmus sp.	11
Closterium aciculare	9200
Cosmocladium constrictum	1600
Mougeotia sp.	1086
Oocystis parva	100
O. solitaria	530
Selenastrum sp.	12
Sphaerocystis schroeteri	74
Staurastrum dorsidentiferum	32000
黄金色藻	
Uroglena americana	98
クリプト藻	
Cryptomonas spp.	5337
シアノバクテリア	
Aphanothece sp.	2
Microcystis sp.	14
渦鞭毛藻	
Ceratium hirundinella	30000

することもできるだろう。フロウカムを用いれば，各粒子（植物プランクトン）の体積が計測され，各種の細胞密度と同時に各種の平均細胞サイズが自動的に求まる。

各種の平均細胞サイズを用いて，群集全体の生物量（total phytoplankton biovolume）や各種の生物量（species population biovolume）を計算することができる（Bellinger and Sigee, 2015）。

珪藻は他の植物プランクトンに比べ液胞が大きく，細胞体積が過大評価される（Smayda, 1978）。細胞体積に代わる適切な生物量の指標として全細胞体積から液胞体積を差し引いた原形質体積（plasma volume, PV と称される）が用いられる場合もある（Strathmann, 1967; Smayda, 1978; Hillebrand *et al.*, 1999）。

表3.5　プランクトンの細胞体積と炭素量の関係(Menden-Deuer and Lessard, 2000 をもとに作成)
式は $\log_{10} C = \log_{10} a + b(\log_{10} V)$ で，C は細胞内炭素量（pgC $cell^{-1}$），V は細胞体積（μm^3 $cell^{-1}$）である。9つの先行研究を比較したところ，式は分類群ごとに，特に珪藻とそれ以外のプランクトン（原生生物）で異なった。細胞の大小（3.000μm^3 を基準）によっても式が異なる。

種名	$\log_{10} a$	b
珪藻以外の原生生物プランクトン	−0.665	0.939
珪藻以外の原生生物プランクトン（<3,000 μm^3）	−0.583	0.860
珪藻	−0.541	0.811
珪藻（>3,000 μm^3）	−0.933	0.881
緑藻	−1.026	1.088
黄金色藻	−1.694	1.218
渦鞭毛藻	−0.353	0.864

各種の平均細胞体積が求まれば，炭素量へ換算できる。Strathmann（1967）の換算式がよく用いられている。液胞が大きい珪藻とその他の藻類とでは細胞体積あたりの炭素量が異なるとし，それぞれの換算式が設けられている。

$$\text{珪藻}\quad \log_{10} C = 0.758(\log_{10} V) - 0.422$$
$$\text{その他}\quad \log_{10} C = 0.866(\log_{10} V) - 0.460$$

ここで，V は細胞体積（μm^3 $cell^{-1}$），C は細胞内炭素量（pgC $cell^{-1}$）である。原形質体積 PV（μm^3 $cell^{-1}$）と細胞内炭素量の換算式は以下の式がある(Strathmann, 1967)。

$$\log_{10} C = 0.892(\log_{10} PV) - 0.610$$

上記の例以外にも，海の植物プランクトンを対象とした換算式が報告されている(例えば Verity *et al.*, 1992)。先行研究を統合して，分類群ごとの換算式も提案されている（表 3.5; Menden-Deuer and Lessard, 2000)。

細胞あたりの窒素やリンの含有量と細胞体積の関係式を求める試みもなされている。ただしそれらの量は，炭素量以上に環境条件や細胞の状態によって変動するため，同一種であっても細胞体積から推定するのは困難である。細胞が最適な状態で増殖しているときの細胞内の窒素とリン量はレッドフィールド比に基づき C：N：P＝106：16：1（モル比）もしくは 41：7.2：1（重量比）と炭素量から概算できる（Redfield, 1934；第 8 章参照）。もちろん厳密には種ごとに様々な培養条件下で細胞体積と各元素量の関係を求める必要がある。

3.8　生物多様性の指標

生物多様性には様々な指標がある（詳しくは本シリーズ第 3 巻 佐々木 他, 2015 を参照）。植物プランクトンの多様性には主に種数と多様度指数が用いられる。これらの指標を統一的に捉えるのに後述する Hill Number（有効種数）がある（Chao *et al.*, 2014）。以下に種数，また多様性および有効種数の特徴と計算方法を紹介する。

(1) 種数

種数 S（種豊度，species richness ともいう）は試料中で確認できた種類の総数であり，生物多様性の最も単純な指標といえる。しかし，ある湖や池の植物プランクトンの出現種数すべてを，一部の試料の計数によって把握することはできない。調査回数や採水深度数など，調努力量の違いによって確認できる種数は影響を受ける。また観察する試料の量や計数する細胞数によって，把握できる種数は異なってくる。すなわち，より多くの試料を採集しより多くの細胞を数えることで，見積もられる種数が大きくなりうる。

こうした野外調査による限界を補う統計的な方法として，希薄化曲線（rarefraction curve）による種数の推定法がある。統計ソフト R には rarefraction curve を描くパッケージ（vegan, iNEXT など）がある（Hsieh *et al.*, 2016）。

Chao1 や Chao2 と称される種数を推定する方法もある。これは観察された種数と 1 細胞（個体）しか確認されなかった種数（singleton），2 細胞（個体）しか確認されなかった種数（doubleton）を使って，以下の式で推定する。

$$S_{all} = S_{obs} + \left(n - \frac{1}{n}\right)\left(\frac{f_1(f_1 - 1)}{2(f_2 + 1)}\right)$$

ここで S_{all} は推定される全生物種数，S_{obs} は試料から観測された生物種数，f_1 は singleton の数，f_2 は doubleton の数，n は総細胞（個体）数である。

種をどこまで同定するかも影響する。形態から種を同定することが困難な場合は，属（genus）レベルで分類し，属の多様性（genus richeness, G）として評価する（Ptacnik *et al.*, 2008）。また，種や属名が混在する場合は“種数”ではなく“タクサ数”として記述すべきであろう。メタバーコーディングにより種組成を解析する場合には，塩基配列の相同性をもとにOTU（operational taxonomic unit）やASV（amplicon sequence variant）を分類のユニットとして扱う。

(2) 多様性

種（タクサ）数だけでなく各種が群集に占める割合（均等度）を考慮した指数が多様度指数であり，Shannonの多様度指数（H_{Sh}）やSimpsonの多様度指数（H_{GS}）が一般的に用いられる（例えばSommer, 1995; Interlandi and Kilham, 2001）。

Shannonの多様度指数（H_{Sh}）はShannon-WienerやShannon-Weaverとも呼ばれ，以下の式で表される。

$$H_{Sh} = -\sum_{i=1}^{S} p_i \log_e p_i$$

ここで，Sは種数，p_iはi番目の種が群集全体に占める割合（相対優占度）である。相対優占度は細胞数または細胞体積を単位として求められるが（Sommer, 1995），植物プランクトンの場合は細胞体積をベースに算出されることが多い。H_{Sh}は種数が多いほど，また各種が均等に出現し相対優占度が等しいほど大きい値をとる。すべての種が均等に出現したときに最大値（H_{Sh_max}）となり，以下の式で表される。

$$H_{Sh\_max} = \log_e S$$

H_{Sh}を最大値H_{Sh_max}で割った値が均等度Jとなる。1に近づくほど均等度が高いことを意味する。

$$J = \frac{H_{Sh}}{\log_e S}$$

Simpsonの多様度指数（H_{GS}）はいくつか計算方法があるが（本シリーズ第3巻 佐々木 他, 2015を参照），植物プランクトンを対象に一般的に用いられるのは以下の式で表される。

$$H_{GS} = 1 - \sum_{i=1}^{S} p_i^2$$

ここで，S は種数，p_i は i 番目の種が群集全体に占める割合（相対優占度）である。相対優占度は細胞数または細胞体積を単位として求められるが，競争による資源の分配という観点から細胞体積が用いられることが多い（Interlandi and Kilham, 2001）。H_{GS} はすべての種が均等に出現したときに最大値（H_{GS_max}）となり，以下の式で表される。

$$H_{GS\_max} = \log_e S$$

(3) 有効種数

近年では，種数や多様性を統合的に捉えた Hill number（有効種数）^qD が提案されており，統計ソフト R のパッケージにも組み込まれている（Chao *et al.*, 2014; Hsieh *et al.*, 2016）。有効種数は以下の式で表される。

$$^qD = \left(\sum_{i=1}^{S} p_i^q\right)^{1/(1-q)}$$

$q=0$ のとき，単純な種数となる。

$$^0D = S$$

$q=1$ のとき，Shannon の多様度指数（H_{Sh}）と対応する，すなわち $^1D=\exp(H_{Sh})$ の有効種数となる。

$$^1D = \exp\left(-\sum_{i=1}^{S} p_i \log_e p_i\right)$$

$q=2$ のとき，Simpson の多様度指数（H_{GS}）と対応する，$^2D=1/(1-H_{GS})$ の有効種数となる。

$$^2D = 1/\sum_{i=1}^{S} p_i^2$$

有効種数を用いると，これまで単位が異なるため比較できなかった Shannon の多様度指数（H_{Sh}）や Simpson の多様度指数（H_{GS}），種数の間で値を比べることが可能となる。

第4章　植物プランクトンの生物量

4.1　はじめに

植物プランクトンの生物量（biomass）や現存量（abundance）は，湖沼の栄養状態（貧栄養，富栄養など）や食物網，物質循環を把握するうえで，重要な基礎情報となる。現存量は細胞密度で表される。生物量は，植物プランクトン全般がもつ光合成色素，クロロフィル *a* 量（mg chl. *a* L^{-1}）として表されることが多い（表 4.1）。炭素量（mg C L^{-1}）は，動物やバクテリアなど他の生物へのエネルギー変換を考えるうえで共通通貨となる。細胞密度と細胞体積（*V* μm^3）から炭素量を求めることもできる（第 3 章）。透明度，透視度や濁度など，調査現場で測定する項目が，植物プランクトン生物量の指標になることもある。

本章では，植物プランクトンの生物量を定量する手法として，クロロフィル *a* 量，懸濁態（粒状態）有機物量（炭素，窒素，リン）と，透明度・透視度・濁度の測定方法を紹介する。

表 4.1　藻類の分類群ごとのクロロフィルの種類（渡邉，2012 より改変）

分類群	chl. *a*	chl. *b*	chl. *c*
ラン細菌（シアノバクテリア）	○		
緑藻類	○	○	
ユーグレナ藻類	○	○	
クリプト藻類	○		○
珪藻類	○		○
ハプト藻類	○		○
渦鞭毛藻類	○		○

4.2 クロロフィル a 量

光合成色素であるクロロフィルのうち，クロロフィル *a* は植物プランクトンすべての種が保有している。加えて，緑藻類はクロロフィル *b* を，珪藻や渦鞭毛藻類はクロロフィル *c* を含んでいる（表 4.1）。湖沼でのクロロフィル *a* 濃度は 1～500 μg L^{-1} の値をとる。

野外においてクロロフィル *a* 量を蛍光プローブセンサーなどを用いて直接測定することも可能である（例えば YSI 社の多項目水質計など）。ただし蛍光値（row fluorecence unit, RFU）として測定されるため，クロロフィル *a* 量として濃度換算する際には注意が必要である。

実験室におけるクロロフィル *a* 量の測定には，吸光法や蛍光法（4.2.3 項），クロマトグラフィー（high performance liquid chromatography, HPLC）法などがある。吸光法のうち，クロロフィル *a* と分解されたフェオフィチン *a* を別々に定量するロレンツェン（Lorenzen）法（4.2.1 項）と，クロロフィル *a, b, c* を別々に定量するユネスコ法（4.2.2 項）がある。

いずれも，実験室で分析する場合は，野外で採取した試水を濾紙（フィルター）に濾過捕集し，アセトンやエタノールなど有機溶媒で色素を抽出し定量する。試水をプランクトンネットやメッシュを用いて大きさを分ければ，小型のナノプランクトン（<20 μm）と大型のマイクロプランクトン（>20 μm）など，サイズ画分ごとに測定できる。

捕集するフィルターには一般的にガラス繊維濾紙が用いられる。ガラス繊維濾紙はガラス粉が植物細胞を破砕するための研磨剤の役割をなすと同時に，メンブレンフィルターで生じるコロイドの心配がない。目合いおよそ 0.7 μm の GF/F フィルターが通常用いられるが，大きめの藻類を対象とする場合や濾過量を増やしたい場合には目合い 1.2 μm の GF/C フィルターを用いる。フィルターの大きさには直径 47 mm と 25 mm があり，試料の濃度や抽出法に合わせてサイズを選択する。筆者は，吸光法を用いる場合には 47 mm のフィルターを，吸光法より感度の高い蛍光法を用いる場合には 25 mm のフィルターを用いる。

抽出に用いる有機溶媒には，アセトンやエタノール，メタノール，ジメチルホルムアミド（N, N-dimethylformamide, DMF）がある。90% アセトンが広く用いられる。エタノールやメタノール，DMF は，アセトンに比べ抽出力は大きいため，フィルターを磨砕せずに抽出することができる。ただしメタノールは塩酸で酸化する際（後述）にエラーが生じやすく，神経毒もあるため扱いに注意が必要である。DMF は抽出後も安定性が高く数日間冷暗所で保存できるメリットがあり，海洋の植物プランクトンを対象に用いられている（Suzuki and Ishimaru, 1990）。ただし揮発しない分，皮膚に浸透しやすく毒性があるので用いる際には留意する必要がある。

4.2 節では一般的なアセトン抽出による吸光法（ロレンツェン法とユネスコ法），および蛍光法を紹介する。

4.2.1　吸光法：ロレンツェン法

光合成色素はその種類（クロロフィル a, b, c など）によって特定の波長光を吸収する。クロロフィル a の最大吸収波長は 665 nm（および 420 nm）で，その波長での光吸収量と既知の比吸光係数から濃度が求められる。クロロフィルが分解して間もないフェオ色素も多少の光を吸収する。クロロフィル a が分解されると，マグネシウムがとれてフェオフィチン a になり，665 nm 波長に対する光吸収は 1/1.7 に減少する。この特性を利用して，Lorenzen (1967) は，酸で人為的にクロロフィルを分解して測定値を補正し，クロロフィル a とフェオ色素の濃度を測定する方法を提案した。

試料は次の手順で準備する。

(1) 一定の試水（V L）をメスシリンダーで測りとり，濾過器を用いてガラス繊維濾紙に濾過捕集する（図 4.1）。捕集器のシリンダー筒は，濾過量に応じて 300～500 mL 程度入るもの，フィルターの直径（47 mm や 25 mm）にあうものを用いる。フィルターを通過した濾液を栄養塩の分析に用いる場合には，濾液捕集用のフラスコなどが入れられる濾過鐘やポリカーボネート製の濾過セット（図 4.2）を用いる。濾液が必要ないときは，アスピレーターで吸引し水道に流す。マニフォルダーを用いれば複数のフィルターを同時に効率良く作成することもできる（図 4.3）。吸引にはアスピレーターや吸引ポンプが用いられるが，電源や水道が確保できないときはハンドポン

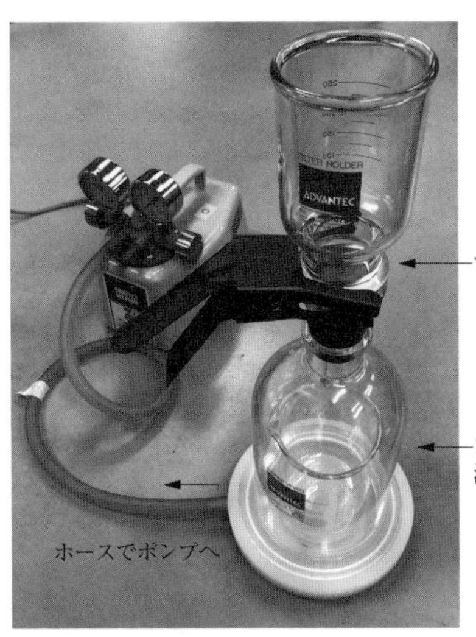

図 4.1　クロロフィルの濾過
ガラス繊維濾紙（GF/F）47 mm で植物プランクトンを捕集する。図 3.10 と同様の仕組み。フィルターを通り抜けた濾液はフラスコなどで捕集し，栄養塩の分析に用いる。口絵 8 参照。

図 4.2　ポリカーボネート製の濾過セット

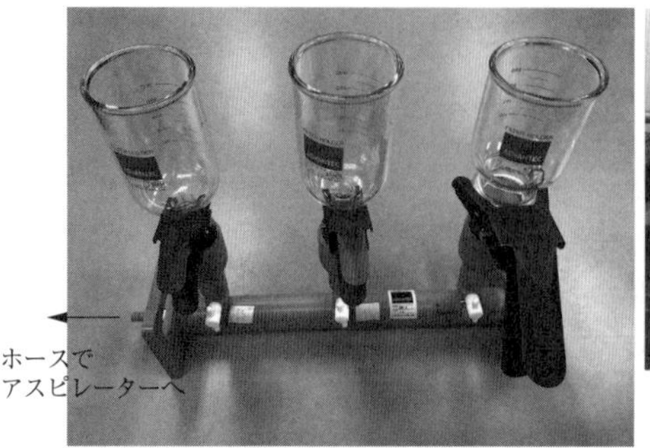

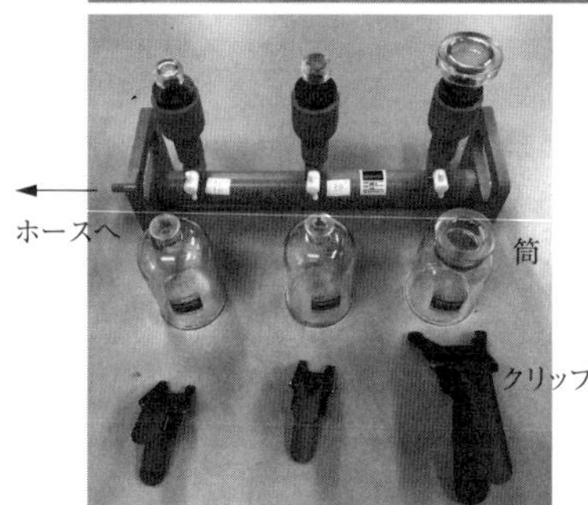

図 4.3　クロロフィルの濾過

3連のマニフォルターを用いれば，3つの濾紙上に同時に捕集できる。写真では，左2つは25 mm のフィルター用で，右端は大きめの47 mm のフィルターを挟む仕様になっている。濾液は捨てるものとして，アスピレーターで吸引し水道に流す。

プが便利である（図 4.4）。

クロロフィルは光により分解するため，操作は直射日光や蛍光灯を避けて行う。濾過する量（V mL）はフィルター上にしっかりと色が付くくらい多いほうがよい。

(2)　濾過した後，フィルターをアルミフォイルなどに包み，冷凍保存する。アルミフォイルにはラベルを貼り，必ず試料内容と濾過量を明記する。試料は冷凍庫（−20℃）で数ヶ月は保存が可能である。濾液をリン酸や硝酸などの栄養塩の分析に用いる場合には，ボトルに入れ冷凍保存する。ただしガラス繊維での濾液はケイ酸塩の分析には用いることはできない。

抽出と測定は以下の手順で行う。蛍光灯など明るい場所での作業は避ける。

(3) フィルターを小さくたたんで乳鉢に移し，90% アセトンを少量加えながら

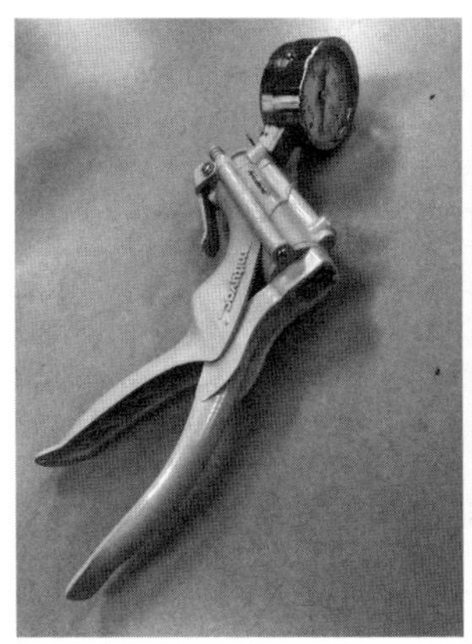
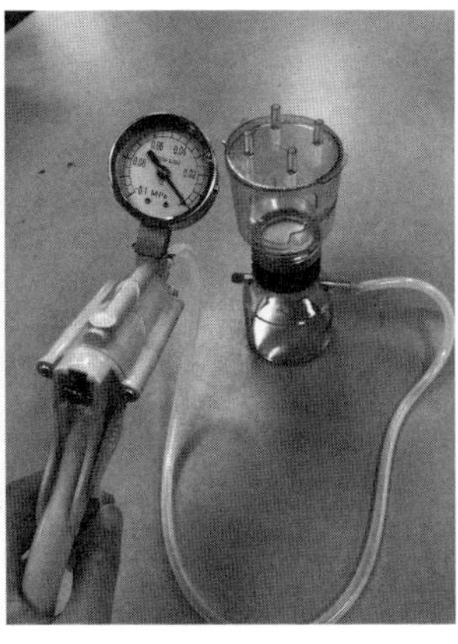

図 4.4 ハンドポンプ（ナルゲン社製）
口絵 9 参照。

摩砕する。

(4) 十分にすりつぶしたら，内容物を遠心管に移す。乳鉢，乳棒を少量の 90% アセトンで洗い，洗液も遠心管に移す。

(5) 遠心管の試料が 10～20 mL になるように 90% アセトンを加え，栓をして数回振る。このときの遠心管の試料の容量（*a* mL）を記録する。

(6) 遠心分離機で 3500 rpm（約 1000 g）にて 5～10 分間遠心する。上澄みをガラスキュベットにとる。遠心は可能ならば低温（5～10℃）で行う。遠心分離機の使用が難しい場合には，紙フィルターで抽出液を濾過し，濾液を分析に用いる。

(7) 1 cm の吸光セル（キュベット）を分光光度計にセットし，90% アセトンを対照として，波長 750 nm と 665 nm で吸光度を測定する。色素は波長 750 nm の光を吸収しないため，750 nm の吸光度は他の粒子など濁度の補正に用いる。キュベットは無蛍光の石英ガラス製のものを用いる。

(8) アセトン抽出液 5 mL に対して，1N の塩酸を 2 滴加える。3 分以上放置する。

(9) 90% アセトンを対照として，波長 750 nm と 665 nm で吸光度を測定する。

・計算

$$\text{クロロフィル}\,a\,\text{量}\ (\mu g\ L^{-1}) = 26.7(E - E') \times a \div V$$

$$\text{フェオ色素量}\ (\mu g\ L^{-1}) = 26.7(1.7E' - E) \times a \div V$$

ここで，

E：波長 665 nm の吸光度から波長 750 nm の吸光度を差し引いた値

E'：塩酸を加えた後の波長 665 nm の吸光度から波長 750 nm の吸光度を差し引いた値

a：アセトン抽出液（遠心管）の量（mL）

V：試水の濾過量（L）

である。

上記の式は 10 mm 幅の吸光セルを用いた場合の式である。試料中の濃度が低く，50 mm や 100 mm 幅の吸光セルを用いる場合には，上記の値を吸光セルの長さ（cm）で割る。

4.2.2　吸光法：ユネスコ法

ユネスコ法では，クロロフィル a, b, c で吸収波長が異なることに基づき，それぞれの色素量を別々に測定する。植物プランクトンの分類群により保有する色素が異なるため（表 4.1），野外において大まかに分類群の存在量を把握する方法として用いられる。ただし，より詳細な色素分析には HPLC 法が適している（Bellinger and Sigee, 2015）。ユネスコ法では死んで間もない植物プランクトンのクロロフィル色素も含めて測定される。

抽出手順はロレンツェン法とほぼ同様である。4.2.1 項の手順（7）以降の測定波長と塩酸を滴下しない点が異なる。用いる波長や計算式は，論文によって微妙に異なる（西條，1975）。ここでは UNESCO（1966）に基づき 4.2.1 項の（7）以降の手順および計算式を記す。

（7）吸光セルを分光光度計にセットし，90% アセトンを対照として，波長 750 nm，663 nm，645 nm，630 nm で吸光度を測定する。750 nm の吸光度は濁度の補正に用いる。

・**計算**

$$クロロフィル\ a\ 量\ (\mu g\ L^{-1}) = (11.64E_{663} - 2.16E_{645} + 0.10E_{630}) \times a \div V$$

$$クロロフィル\ b\ 量\ (\mu g\ L^{-1}) = (-3.94E_{663} + 20.97E_{645} - 3.66E_{630}) \times a \div V$$

$$クロロフィル\ c\ 量\ (\mu g\ L^{-1}) = (-5.53E_{663} - 14.81E_{645} + 54.22E_{630}) \times a \div V$$

ここで,

E_{663}：波長 663 nm の吸光度から波長 750 nm の吸光度を差し引いた値

E_{645}：波長 645 nm の吸光度から波長 750 nm の吸光度を差し引いた値

E_{630}：波長 630 nm の吸光度から波長 750 nm の吸光度を差し引いた値

a：アセトン抽出液（遠心管）の量（mL）

V：試水の濾過量（L）

である。

上記の式は 10 mm 幅の吸光セルを用いた場合の式である。試料中の濃度が低く，50 mm や 100 mm 幅の吸光セルを用いる場合には上記の値を吸光セルの長さ（cm）で割る。

4.2.3 蛍光法

クロロフィル *a* は波長 430〜450 nm の励起光を当てると 650〜675 nm の蛍光を発する。強い励起光を当てることで蛍光は強くなり，吸光法より感度は 2 桁ほど高くなる。そのため植物プランクトンの少ない貧栄養の湖水では 100 mL 程度，貧栄養の海洋の試水では 1L 濾過捕集すれば分析が可能となる。

蛍光光度計では一般に 440 nm の励起光を当て，660 nm の蛍光を検出する。クロロフィルの蛍光測定には Turner Designs の蛍光光度計トリロジー（Trilogy）が広く使われている。クロロフィル *a* 測定用のフィルター（module filter）には acidification, non-acidification, *In Vivo* の 3 種類があるが，いずれもトリロジーの場合には 485 nm の励起光を当て，685 nm の蛍光を検出する（詳細は Turner Designs のユーザーマニュアルを参照）。

濾過は吸光法と同様である。ただし，感度が高いため，濾過量は吸光法の 10 分の 1 以下でよく，フィルターは小型のガラス繊維濾紙（直径 25 mm）を用いる。抽出ではフィルターは磨砕しない。

ここでは Turner Designs のトリロジーを用いた方法を紹介する。測定フィルター（module filter）には acidification（Chl. *a*-acid）を用い，測定は Chl-A モジュールで行う。値は蛍光値（RFU）が表示される raw fluorescence mode で行う。クロロフィル濃度として表示させる方法（direct calibration mode）もあるが，機械ごとにキャリブレーション方法などが異なるので使用説明書を参照してほしい。濾過は 4. 2. 1 項の手順（1）（2）と同様に行う。抽出と測定は以下の手順で行う（Holm-Hansen *et al.*, 1965; Arar and Collins, 1997）。蛍光灯など明るい場所での作業は避ける。

(3) 25 mm の GF/F フィルターを半分に折り，遠心管に移し，90% アセトンを 10 mL 加える。栓をして数回よく振る。

(4) 一晩冷暗所に静置し，抽出する。

(5) 3500 rpm（約 1000 g）にて 5 分間遠心する。上澄みをガラスキュベットにとる。トリロジーの専用キュベットを用いる。

(6) キュベットを蛍光光度計にセットし，蛍光値を測定する。

(7) 抽出液 5 mL に対して，0.1N の塩酸を 0.15 mL 加える（5 mL 中に塩酸 0.003N となる）。3 分以上放置する。

(8) 再び，蛍光値を測定する。

・計算

$$\text{クロロフィル a 量}\ (\mu\text{g L}^{-1}) = F_{\text{s}}\left(\frac{r}{r-1}\right)(R_b - R_a) \times a \div V$$

$$\text{フェオ色素量}\ (\mu\text{g L}^{-1}) = F_{\text{s}}\left(\frac{r}{r-1}\right)(rR_a - R_b) \times a \div V$$

ここで，

F_s：キャリブレーションより求めた応答係数（response factor）。設定ごとに異なる。

r：キャリブレーションで求めたクロロフィルの酸滴下前後の値の比率（acid factor と呼ばれる）

R_b：塩酸を加える前の蛍光値（RFU）

R_a：塩酸を加えた後の蛍光値（RFU）

a：アセトン抽出液（遠心管）の量（mL）
V：試水の濾過量（L）
である。

上記の式において，パラメーター F_s と r は標準クロロフィル溶液を用いたキャリブレーションにより求める必要がある。キャリブレーションは2ヶ月に1回など定期的に行うことに加え，ランプを交換したときにも行うことが推奨されている（Arar and Collins, 1997）。Solid standard と呼ばれる安定性の高い固形の標準物質を用いて機械を調整することもできる（Turner Designs のマニュアル参照；www.turnerdesigns.com）。

キャリブレーションには1つの濃度（例えば 20 μg L^{-1}）のみで行う1点法と，5段階の濃度（例えば 0.2, 2, 5, 20, 200 μg L^{-1}）で行う5点法がある。用いる標準クロロフィル溶液は，すでに調整してある溶液を購入できる（Turner Designs より 90% アセトンを溶媒とした 20 および 200 μg L^{-1} の2本セットが購入可能）。もしくは粉末の純クロロフィルを購入し（Sigma 社など），特定の溶媒に溶かし，吸光法（4.2.1項もしくは 4.2.2項）を用いて分光光度計で濃度を測定し標準溶液として用いる。

各標準クロロフィル溶液の蛍光値（RFU）を測定する。次に各標準溶液5 mL に対して，0.1N の塩酸を 0.15 mL 加え，再び蛍光値を測定する。

F_s 値を以下の式より求める。F_s は応答係数と呼ばれ，各設定ごとに求まる。

$$F_s = C_a/R_s$$

ここで，R_s は測定した蛍光値（RFU），C_a はクロロフィル a の濃度（μg L^{-1}）である。5点法で行う場合には R_s を X 軸，C_a を Y 軸として回帰直線（検量線）の傾きを F_s とする。各濃度ごとに求まる F_s を平均してもよい。acid factor（r）の値を以下の式より求める。

$$r = R_b/R_a$$

ここで，R_b は塩酸を加える前の蛍光値（RFU），R_a は塩酸を加えた後の蛍光値（RFU）である。F_s 値を求めるのと同様に，5点法で行う場合には R_a を X 軸，

R_b をＹ軸として回帰直線の傾きを r とする。もしくは各濃度ごとに求まる r を平均してもよい。

4.3　懸濁態有機物量

植物プランクトンを含む湖水中に懸濁する有機物は，セストン（seston），懸濁態もしくは粒状態有機物（particulate organic matter, POM），懸濁物質（suspended solid, SS）などと称される。有機物は濾過によりフィルター上に捕集する。クロロフィル a と同様に，試水を事前にサイズ分画すれば，小型のナノプランクトン（<20 μm）と大型のマイクロプランクトン（>20 μm）など大きさごとの有機物量を測定できる。

フィルターには有機物を含まないガラス繊維濾紙を用いる。フィルターは，クロロフィル測定（4.2節）と同様に目合い0.7 μmのGF/Fフィルターが通常用いられる。ただし，糸状藻類など大きめの種類を対象とする場合には目合いの大きな（1.2 μm）GF/Cフィルターを用いる。フィルターの大きさには直径47 mmと25 mmがあり，有機物量や使用する予定の炭素や窒素の測定器に合わせてサイズを選択する。濾過する前にフィルターはマッフル炉を用いて450℃で2時間焼き，有機物を燃焼除去する（空焼きと称される）。燃焼により，炭素と窒素は除去できるが，リンは除けない。測定試料中のリン濃度が微量と予想される場合には，事前に塩酸でフィルター中のリンを除去する。具体的には希塩酸（0.1N）にフィルターを浸した後，蒸留水でよく濾過洗浄する。

一般的には，空焼きした25 mmのGF/Fフィルターを用いて，試水を詰まる程度に濾過する。炭素と窒素の分析用に1枚，リンの分析用に別途1枚濾過する。あるいは1枚の47 mmのフィルターに濾過し，半分を炭素と窒素，残り半分をリンの分析に用いる。濾過後，フィルターは冷凍保存するか，30～50℃で乾燥した後，デシケーター内で保存する。

4.3.1　懸濁態有機炭素・懸濁態有機窒素

懸濁態炭素（particulate organic carbon, POC）と懸濁態窒素（particulate organic nitrogen, PON）は，PerkinElmer社の全自動元素分析装置やヤナコ社

のCHNコーダーなどを用いて測定する。CHNコーダーによる測定方法は西條・三田村（1995）を参照してほしい。いずれも有機物を燃焼しガス化して測定する。研究機関への分析委託も可能であり，例えばUC Davis（University of California, Davis Stable Isotope Faculity; https://stableisotopefacility.ucdavis.edu/）ではガラス繊維濾紙上の炭素・窒素濃度と炭素・窒素安定同位体比について1試料11ドル，約6～8週間で分析結果が得られる（2019年8月現在）。事前にフィルターをスズ箔に包む必要があるが，フィルターの包み方は本シリーズ第6巻（土居 他，2016）に丁寧に写真入りで説明されているので，そちらを参照してほしい。

4.3.2　懸濁態有機リン

植物プランクトンの細胞に含まれるリン，すなわち懸濁態有機リン（particulate organic phosphorus, POP）はペルオキソ二硫酸カリウムで分解後，溶存態無機リンとして測定する。湿式酸化法（ペルオキソ二硫酸カリウム分解法）と呼ばれる。湖水に分解しにくい有機物も含まれている場合には，過塩素酸と硝酸を用いて分解する酸化分解法が用いられる。酸化分解法の詳細は西條・三田村（1995）を参照してほしい。以下に記す湿式酸化法の定量範囲は，1～50 $\mu g\ L^{-1}$である。濾過量やスタンダード（標準液）の濃度は，試水中の推定リン濃度から逆算し決める。

湿式酸化法（ペルオキソ二硫酸カリウム分解法）に用いる試薬は以下である。

リン酸二水素カリウム

5% 過硫酸カリウム（ペルオキソ二硫酸カリウム）$K_2S_2O_3$（窒素・リン測定用）（5 g/100 mL）

（A）　5N硫酸（超純水で900 mLに濃硫酸140 mLを加える）

（B）　モリブデン酸アンモニウム溶液（15 g/500 mL）

（C）　アスコルビン酸溶液（毎回調整　27 g/500 mL）

（D）　酒石酸二アンチモニルカリウム溶液（0.34 g/250 mL）

試薬は以下の手順で準備する。

（1）リン標準液原液（100 mgP L^{-1}）：リン酸二水素カリウム（分子量136）を

105℃で約2時間乾燥し，デシケーター中で放冷した後 439 mg を量り取り水に溶かして 1000 mL とする。この溶液 1 mL はリン 0.1 mg（1L はリン 100 mg）を含む（439÷136×31）。本溶液は 0～10℃の暗所に保存する。

(2) リン標準液（1 mg P L^{-1}，使用時調製）：リン標準液原液 1 mL をメスフラスコ（100 mL）に取り，超純水で 100 mL に調製する。この溶液 1 L はリン 1 mg を含む。使用のたびに調製する。

(3) ペルオキソ二硫酸カリウム溶液：ペルオキソ二硫酸カリウム（窒素・リン測定用）5 g を，超純水 100 mL に溶かす。

(4) 5N 硫酸（A）：超純水で 900 mL に濃硫酸 140 mL を加える。

(5) モリブデン酸アンモニウム溶液（B）：モリブデン酸アンモニウム四水和物 15 g を超純水 500 mL に溶かす。

(6) アスコルビン酸溶液（C）（使用時調製）：L(+)− アスコルビン酸 27 g を超純水 500 mL に溶かす。0～10℃の暗所に保存し，着色したものは使用しない。

(7) 酒石酸アンチモニルカリウム溶液（D）：酒石酸二アンチモン（III）カリウム三水和物（劇物）0.34 g を超純水 250 mL に溶かす。

(8) 発色混合試薬（使用時調製）：（A）5N 硫酸，（B）モリブデン酸アンモニウム溶液，（C）アスコルビン酸溶液，（D）酒石酸二アンチモルカリウム溶液を，順にそれぞれ 5：2：2：1 の割合で混合する。A, B, C, D の順で混合する。

分析は以下の手順で行う。

(1) スタンダードとして 5～7 段階の濃度（例えば，1, 2, 5, 10, 20, 50 μg L^{-1}）の溶液をリン標準液（1 mg P L^{-1}）を用いて作成する。1, 2, 5, 10, 20, 50 μg L^{-1} になるようにリン標準溶液を段階的に試験管に分取し，水を加えて 10 mL にする。1～10 μg L^{-1} の低濃度のものはリン標準液を 100 倍に希釈した（10 μg P L^{-1}）を作成し，1～10 mL ずつ段階的に分取し，水を加えて 10 mL にする。20 と 50 μg L^{-1} の高濃度のものはリン標準液を（1 mg P L^{-1}）を 10 倍に希釈した（100 μg P L^{-1}）を作成し，2 mL もしくは 5 mL ずつ分取し，水を加えて 10 mL にする。ブランク（0 μg

L^{-1}）を用意する。

(2) (1) のブランクとは別にブランク（0 μg L^{-1}）として，超純水 10 mL を耐熱ねじ口試験管に移す。

(3) 試水を濾過捕集した 25 mm の GF/F フィルターを半分に折り，15 mL の耐熱ねじ口試験管に移す。

(4) (1) で用意したスタンダードを除くすべてのねじ口試験管にペルオキソ二硫酸カリウム溶液を 10 mL 加え，ただちに密閉して混合する。

(5) 120℃ で 1.5 時間オートクレーブにかける。

(6) オートクレーブ後，放冷し，試験管を混ぜる。1 mL の 2N NaOH を加え中和する。

(7) 3500rpm（約 1000 g）で 5 分間遠心する。上澄み 10 mL を試験管に移す。

(8) 溶存態リンの分析をモリブデンブルー法で行う（西條・三田村 1995）。スタンダードおよび試水 10 mL の入った試験管に 1 mL の発色混合試薬を加え混合した後，室温で約 5 分間静置する。

(9) 溶液の一部を吸収セルに移し，885 nm 付近の吸光度を測定する。ブランクについても同様に測定する。

(10) リン濃度（1〜50 μg L^{-1}）と吸光度との関係を求め，検量線を作成する。

(11) 求まった濃度から，分解溶液 10 mL と濾過量を考慮し，試料中の濃度に換算する。

4.4　透明度・透視度・濁度

透明度（cm）は透明度板（セッキ板，Secchi desk）を用いて測定する。透明度は測定が簡単で，クロロフィル量や 1% 補償深度（光合成と呼吸速度がつりあう深度; 図 5.1）とも関連があるため多用される。印旛沼のように富栄養な湖沼では，透明度（cm）では差がでないため，透視度計を用いて透視度（cm）を測定する。

濁度は，多項目水質計の濁度センサーで測定する（例えば HORIBA のマルチ水質チェッカー）。濁度は，LED ランプやタングステンランプを光源とし，透過散乱光を測定し計算される（単位は NTU として表示される）。

水中に懸濁している粒子にはプランクトンなど生物起源の有機物だけでな

く，泥などの非生物起源の粒子も含まれる。そのため透明度や濁度を植物プランクトンの量の指標とするのであれば，事前にクロロフィル量との相関関係を調べるなど検討が必要である。

実験室では濁度は，吸光光度計を用いて波長 750 nm の吸光度として測定する。培養している植物プランクトンであれば，試料中の植物プランクトンの細胞密度と吸光度の相関関係に基づき換算式を作成することで，波長 750 nm の吸光度から細胞密度を推定することが可能となる。

第5章　植物プランクトンの一次生産量

5.1　はじめに

湖沼や海洋において植物プランクトンは主要な基礎生産者であり，その炭素固定量は地球全体の50% にも相当する（Falkowski *et al.*, 1998; 1.2.2 項参照）。人間活動に伴い大気への二酸化炭素放出量が増加している中，海洋や湖沼がどれだけ二酸化炭素を吸収するのか，継続的に測定していくことは全球規模の炭素循環を理解し，地球温暖化の対策をするうえで重要である。

光合成は二酸化炭素と水から有機物を合成する過程であり，以下の式で表される。

$$6CO_2 + 12H_2O \underset{\text{呼吸}}{\overset{\text{光合成}}{\rightleftarrows}} C_6H_{12}O_6 + 6O_2 + 6H_2O \qquad (\text{式 } 5.1)$$

植物プランクトンは光合成により酸素を放出すると同時に，呼吸により酸素を消費して有機物を異化し二酸化炭素を放出する。光合成により固定されたすべての炭素量は，総（一次）生産量（gross primary production）と呼ばれる。これに対し，総生産量から呼吸による異化量を差し引いた見かけ上の炭素固定量は，純（一次）生産量（net primary production）と呼ばれる。

一次生産量の把握には，発生する酸素量を測定する酸素法（5.2.1 項）や，炭素の取り込み量を測定するトレーサー法（5.2.2 項）が広く用いられる。酸素法で測定される酸素濃度は，光合成による放出と呼吸による消費の結果であり，純生産量に相当する。総生産量は，呼吸による酸素消費量（呼吸量）を別途測定し，純生産量と足し合わせることで求まる。呼吸量は光の当たらない暗条件（暗ビン）での酸素消費量として測定する。

トレーサー法では安定同位体 ^{13}C や放射性同位体 ^{14}C で無機炭素（炭酸水素イオン）を標識し，植物が取り込む炭素量を測定する。検出感度が高く，培養時間は数十分から2時間程度におさえられる。固定した炭素はすぐには異化されないため，トレーサー法で測定した炭素固定量は総生産量に近い。放射性同位体 ^{14}C の野外での使用は法的に制限されており，近年では安定同位体 ^{13}C が用いられることが多い。安定同位体の測定には質量分析計が必要であるが，UC Davis など研究機関への分析委託も安価となってきており比較的利用しやすい（4.3.1項，本シリーズ第6巻 土居 他，2016を参照）。

琵琶湖では，1960年代からびわこ生物資源調査団（BST）や国際生物学事業計画（International Biological Program, IBP）の一環として一次生産量が測定されてきた（Nakanishi *et al.*, 1992, 滋賀県，2015）。霞ヶ浦では1981年代から毎月継続的に測定されている（Takamura and Nakagawa, 2016）。これらのプロジェクトではいずれもトレーサー法が使われている。一方，酸素法は酸素濃度の分析をウィンクラー法や酸素センサーを用いて行えばすぐに結果が得られるため，学生実習で広く用いられている。

2000年以降，クロロフィル励起蛍光を用いて植物プランクトンの光合成を簡易的に測定する技術も発達してきた。とくにPAM法（パルス変調蛍光法）は陸上の高等植物を対象に広く用いられており（本シリーズ第4巻 彦坂，2016を参照），植物プランクトンにも適用されている（Goto *et al.*, 2008）。野外にロガーを設置すれば，酸素濃度やクロロフィル量，光強度の変化から，一次生産量と呼吸量を推定することも可能である（太田 他，2013）。

いずれの方法においても，光合成有効放射（photoshnthetic active radiation, PARと称することがある）である400〜700nmの波長の光量子束密度（photosynthetic photon flux density）と光合成速度の関係を表す光-光合成曲線（photosyntesis irradiance curve, P-I curveとも略される）を求める必要がある（図5.1；Talling 1957）。特に深い水域では，深度に伴い光強度が低下するため，光-光合成曲線を用いて各深度での光合成速度を求め水柱全体の一次生産量を見積もる。

本章では，光合成速度を求める方法として酸素法とトレーサー法（安定同位体標識法）を紹介する。

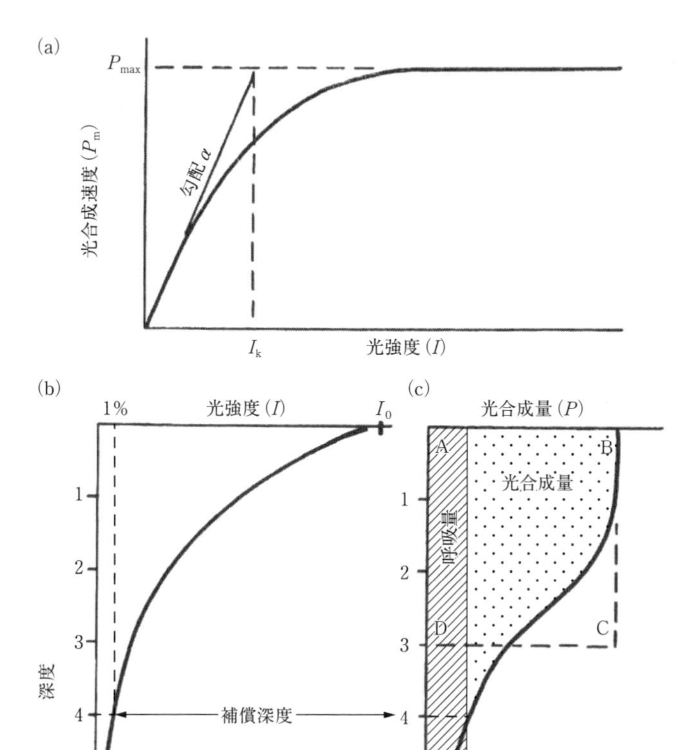

図 5.1 水柱の一次生産量を求めるために必要な光-光合成曲線 (a)，光の減衰曲線 (b)，深度ごとの光合成速度 (c)（Talling, 1957 を改変）

(a) 光-光合成曲線，光強度 (I) が強くなるほど光合成速度 (P) は高くなるが，次第に最大に達し (最大光合成速度 P_{max}) 飽和する。α は光合成曲線の初期勾配で，それを延長し最大光合成速度 P_{max} と交わる光強度 (Ik) は光飽和開始点とも呼ばれる。(b) 光強度は水面直下の光強度 (I_0) を最大とし，水深が深くなるにつれ指数関数的に減衰する。光強度が水面の 1% となる深度は，補償深度，つまり光合成と呼吸がつり合う深さ，とほぼ等しい。(c) 水深ごとの光合成量を積算し，水柱あたり (m^{-2}) の光合成量を求める。図では ABCD の面積が積算面積と同等の値になる。補償深度以下では呼吸量 (斜線) が光合成量 (点) を上まわり，純生産量はマイナスとなる。

5.2　光合成速度の測定

5.2.1　酸素法

酸素法では，培養期間中の酸素濃度の増加と減少から一次生産量と呼吸量を求める。酸素濃度の変化を十分に検出するためには，培養時間を長くする，植物プランクトン密度を高くするなどの工夫が必要となる。

・培養条件

培養は，現場に係留する吊り下げ法と，実験室にて現場の環境条件を模倣して行う擬似現場法がある（図5.2）。いずれも光-光合成曲線を得るために，光強度を4〜6段階に設定する。

現場で培養する場合には，異なる深度から水を採取し，採取した深度で培養することが最も好ましい。琵琶湖など深い湖ではブイを浮かべ，重りをつけたロープを係留し，各深度でボトルをロープにくくりつけて係留する（Urabe *et*

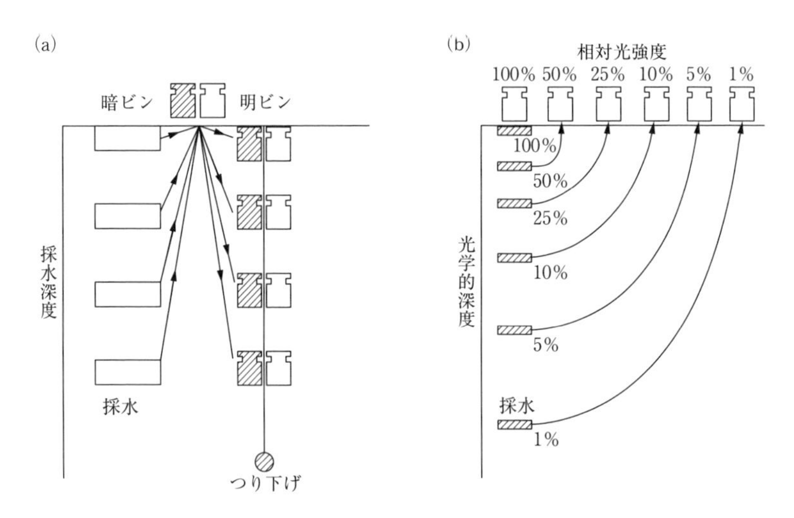

図5.2　一次生産量測定のための現場吊り下げ法と擬似現場法の模式図（西條・三田村，1995）
一次生産量を測定するには酸素瓶を現場に係留する吊り下げ法（a）と，実験室にて現場の環境条件を模倣して培養する擬似現場法（b）とがある。光を当てる明ビンと，呼吸量を測定するために光を当てない暗ビンを設ける。光強度が4〜6段階になるよう，採水深度を設定する。表面光の100%，50%，25%，10%，5%，1%程度の深度にするとよい。

al., 1999)。ただし，実験の実施は天候に左右されやすく，アクシデントによりボトルが回収できない危険性もある。異なる深度での係留が難しい場合には，岸辺近くや桟橋に係留し，メッシュで容器を包んで遮光して光条件を変化させ培養する。メッシュは，黒い寒冷紗が便利である（日本陸水学会関東支部会，2016)。なお，野外で吊り下げ法により培養する場合は，南中時を中心に前後2〜4時間（計4〜8時間）の間で培養することが望ましい。

室内で培養する場合には，LEDランプ，蛍光灯，白熱灯などの光源を用いるが，いずれの場合もPARの光量子束密度が700 μmol photon m^{-2} sec^{-1} 以上になる光源を選ぶ。光源と培養容器の距離を変化させる，もしくはメッシュで容器を包み遮光することにより段階的に光強度を設定する。

容器が受光する光量子束密度は，光量子センサー（LI-COR社製など）を用いて測定する。なお，用いるボトルの素材によって光条件が変化するため注意が必要である。例えば石英ガラスは紫外線のAとBを両方透過させる（280nm以上の光が透過）が，ガラスは紫外線Bは透過させない（320nm以上の光が透過)。ポリカーボネイトボトルは紫外線を透過させない（380nm以上の光が透過）(Kim and Watanabe, 1994)。このため，紫外線が光合成に強く影響するような環境では，ガラスやポリカーボネイトボトルで培養した場合には，紫外線による光合成阻害が生じず光合成量は過大評価になる場合がある。また，室内培養で測定する場合にも，太陽光と人工光で波長スペクトルや紫外線量が異なることに留意すべきである。

・操作

(1) 湖水はバンドーン採水器などで採取する（2.2節参照)。大型の動物プランクトン（ミジンコ，ケンミジンコなど）による被食を防ぐために，必要に応じて100〜200 μmの目合いのプランクトンネットで湖水を濾過する。

(2) 各深度（各光条件）につき，6本の酸素ビンに湖水を詰める。2本は初期酸素濃度を測定する対照ビン，2本は光を当て培養する明ビン，2本は暗条件で培養する暗ビンである。ゴム管を使い，サイフォンの原理で湖水を酸素瓶に移す。このとき，酸素濃度が変化しないよう，湖水を泡立てないようにゆっくりと注ぐ。少し多めに湖水を入れあふれさせ，空気が入らないよう酸素瓶の蓋をする。酸素瓶には 100 mL もしくは 300 mL が市販されているが，一般的には 300 mL の酸素瓶のほうが酸素濃度の差を精度よく検出できるので望ましい。

(3) 明ビンと暗ビンは気泡が入らないよう密栓する。暗ビンは黒い布に包む。対照ビンはただちに溶存酸素を固定する。固定は試水 100 mL に対し塩化マンガン溶液（後述）0.5 mL，ヨウ化カリウム-水酸化ナトリウム溶液（後述）0.5 mL を入れる（西條・三田村，1995）。試薬を添加するときは，気泡が入らないように注意しながら，ピペット（あるいはニードル）の先を試水に入れ試薬がビンの底にはうよう静かに加える。

(4) 培養は酸素濃度に差が生じるよう，4 時間程度培養を行う。南中時を中心に前後 2〜4 時間（計 4〜8 時間）行うとよい。培養中の光条件や温度条件を測定する。また試水中に含まれるクロロフィル a 量を測定するために，試水を濾過し，冷凍保存する（試料処理と測定方法は 4.2 節参照）。

(5) 培養終了後，ただちに各酸素瓶の溶存酸素を固定する。試水 100 mL に対して塩化マンガン溶液 0.5 mL，ヨウ化カリウム-水酸化ナトリウム溶液 0.5 mL を入れる。一時間ほど水中に酸素瓶を静置した後にそれぞれのビン（対照ビン，明ビン，暗ビン）の溶存酸素量をウィンクラー法（後述）で定量する（西條・三田村，1995）。

(6) 各光条件（深度）での呼吸量（$mg\ O_2\ L^{-1}$），純生産量（$mg\ O_2\ L^{-1}$），総生産量（$mg\ O_2\ L^{-1}$）を求める。呼吸量は対照ビンと暗ビンの酸素濃度の差から，純生産量は明ビンと対照ビンの酸素濃度の差から求める。総生産量は，明ビンと暗ビンの差，もしくは呼吸量と純生産量の和から求める。

(7) 1 時間あたりクロロフィル a 量あたりの呼吸速度（$mg\ C\ chl.a^{-1}\ h^{-1}$），純生産速度（$mg\ C\ chl.a^{-1}\ h^{-1}$），総生産速度（$mg\ C\ chl.a^{-1}\ h^{-1}$）を求める。光合成の反応式より，酸素濃度を炭素濃度に換算する。具体的には，酸素濃度に 0.375 かけると炭素濃度になる（反応後の有機物 $C_6H_{12}O_6$ 中の炭素の原子の数 6 つに原子量 12 をかけ（12×6），それを反応後生じた酸素分子 O_2 6 つの分子量（16×2×6）で割る）。求まった炭素濃度を，クロロフィル量と培養時間で割り各速度を算出する。

・ウィンクラー法

試薬を以下の手順で準備する。

(1) 塩化マンガン溶液：塩化マンガン（II）四水和物（MnCl2·4H2O【害】）100 g を蒸留水 250 mL に溶かし，1 mL の濃塩酸（HCl【劇】）を加える。

(2) ヨウ化カリウム–水酸化ナトリウム溶液：水酸化ナトリウム（NaOH【劇】）90 g を蒸留水 250 mL に溶かし，放冷した後ヨウ化カリウム（KI）25 g を加えて溶かす。

(3) 6N 塩酸：蒸留水 100 mL に濃塩酸【劇】100 mL を加える。

(4) デンプン溶液：可溶性デンプン 1 g を蒸留水 100 mL に温めながら溶かす。

(5) 0.01 N チオ硫酸ナトリウム溶液：チオ硫酸ナトリウム五水和物（$Na_2S_2O_3$·$5H_2O$）約 2.5 g を，煮沸して二酸化炭素を追い出した蒸留水 1000 mL に溶かす。

(6) ヨウ化カリウム：固体のヨウ化カリウムを用意する。

0.025 N ヨウ素酸カリウム標準溶液を作成し，0.01 N チオ硫酸ナトリウム溶液の評定を以下の手順で行う。

(1) 0.025N ヨウ素酸カリウム標準溶液：120～140℃で 2 時間乾燥させたヨウ素酸カリウム（KIO3【危】）0.8917 g を正確に秤量し，蒸留水に溶かして 1000 mL にする。

(2) 0.025N ヨウ素酸カリウム標準溶液を 5 mL ホールピペットでとりビーカー移す。そこにヨウ化カリウム小片と 6N 塩酸を 2 mL 加える。

(3) (2) で用意したビーカーに，ビュレットを用いて 0.01 N チオ硫酸ナトリウム溶液を褐色が薄くなるまで滴下する。

(4) ビーカーにデンプン溶液を数的加える。ヨウ素デンプン反応により紫色に着色する。その紫色が無色になるまで，さらに溶液を滴定する。

(5) 滴定に要した 0.01N チオ硫酸ナトリウム溶液の量を a mL とすると，0.01 N チオ硫酸ナトリウム溶液の正確な規定度（N_T）は以下の式により求められる。

$$N_T = \frac{0.025 \times 5}{a}$$

酸素瓶中の酸素濃度を以下の手順で分析する。なお，酸素瓶中の溶存酸素は先に塩化マンガン溶液とヨウ化カリウム-水酸化ナトリウム溶液によって固定したものとする。固定後の酸素瓶は水をはったバケツに入れ，暗所で1時間以上放置し，十分に沈殿させる。

(6) 沈殿を巻き上げないように酸素瓶をバケツから取り出し，静かに栓を抜く。6N 塩酸を 2 mL 加える。その際，沈殿が巻き上がらないよう，静かに瓶の液面直上からネックに沿わせて添加する。栓をして，しっかり栓を押さえながら瓶を数回転倒させて沈殿を溶かす。

(7) 酸素瓶中の溶液を全てビーカーに移す。瓶の中を蒸留水で数回洗浄し，洗浄液もビーカーにいれる。

(8) ビュレットを用いて 0.01N チオ硫酸ナトリウム溶液を，褐色が薄くなるまでビーカーに滴下する。

(9) ビーカーにデンプン溶液を数的加える。ヨウ素デンプン反応により紫色に着色する。その紫色が無色になるまで，さらに溶液を滴定する。

(10) チオ硫酸ナトリウム溶液の規定度を N_T，滴定に要した 0.01N チオ硫酸ナトリウム溶液量を b (mL)，酸素ビンの容量を V (mL) とすると，溶存酸素濃度（DO：mg $O_2 \cdot L^{-1}$）は以下の式により求められる。

$$\mathrm{DO}(\mathrm{mg\,O_2 \cdot L^{-1}}) = 8.0 \times N_T \times b \times (1000/V - 1)$$

5.2.2　トレーサー法

トレーサー法は標識した炭素の取り込みから一次生産量を求める。培養条件や湖水の採取方法は酸素法（5.2.1項）と同様である。

・操作

(1) 各深度（各光条件）につき，1本のボトル（4～10 L のポリカーボネートボトル；Urabe *et al.*, 1999; Yoshimizu *et al.*, 2001）に湖水を詰める。

(2) 各ボトルに安定同位体で標識した炭酸塩 $NaH^{13}CO_3$ を加える。濃度は全無機炭素量の 5～10% となるよう調整する（Hama *et al*., 1983; Yoshimizu *et al*., 2001）。

(3) ボトルを各深度（光条件）に係留し，4 時間程度培養を行う。培養中の光条件や温度条件を測定する。

(4) 試水中の有機炭素濃度と炭素安定同位体比，およびクロロフィル *a* 量を測定する。試水をガラス繊維濾紙（事前に 450℃ で 4 時間加熱処理した GF/F）に濾過捕集し，冷凍保存する（試料処理と測定方法は 4.2 節，4.3 節参照）。濾液は溶存態無機炭素濃度の測定に用いるため，冷凍保存する。無機炭素濃度は全有機炭素（TOC）計で測定する。

(5) 培養終了後，各ボトルの試水をガラス繊維濾紙（事前に 450℃ で 4 時間加熱処理した GF/F）に濾過捕集し，冷凍保存する。この際，試水をプランクトンネットなどでサイズ分画し濾過捕集すれば，小型の種類（< 20 μm）と大型の種類の一次生産量を比較できる（Yoshimizu *et al*., 2001）。

(6) 安定同位体測定用の濾紙は，炭酸塩を除くために，塩酸で 2 時間ほど燻したのち，60℃で乾燥させる。炭素濃度および炭素安定同位体比は安定同位体比質量分析計（IRMS）で測定する（本シリーズ第 6 巻 土居 他，2016 を参照）。

(7) 炭素安定同位体比の結果から，各深度（光条件）での生産量（炭素固定量，$mg\,C\,L^{-1}$）を以下の式で計算する（Hama *et al*., 1983）。

$$生産量 = \frac{C_p - C_0}{C_d - C_0} \times \mathrm{POC} \qquad (式 5.2)$$

ここで，C_p は培養した試料中の有機炭素の炭素安定同位体比（^{13}C atom%），C_0 は培養開始時の湖水中の有機炭素の炭素安定同位体比（^{13}C atom%）で，安定同位体比質量分析計（IRMS）で測定した結果となる。C_d は湖水中の溶存態無機炭素の炭素安定同位体比（^{13}C atom%）で，試水中の溶存態無機炭素濃度と ^{13}C の添加量から計算によって求める。POC は湖水中の有機炭素濃度（$mg\,C\,L^{-1}$）である。

(8) クロロフィル *a* 量あたり，1 時間あたりの生産速度（$mg\,C\,chl.a^{-1}\,h^{-1}$）

は，上記8で求めた生産量を，クロロフィル量と培養時間で割って算出する。

5.3　光-光合成曲線の作成

酸素法もしくはトレーサー法で求めた各深度（光条件）の光合成速度を用いて，光-光合成曲線を作成する（図5.1a, 図5.3）。ここで横軸は光量子束密度，縦軸は時間あたり光合成速度とする。光-光合成曲線は直角双曲線や非直角双曲線など様々な式に近似される（Henley, 1993）。本章では，Michaelis-Mentenの酵素反応式（式8.1参照）を使って表される直角双曲線を紹介する。

$$P = P_{\max}\frac{\alpha I}{(P_{\max}+\alpha I)} \quad \text{（式5.3）}$$

ここで，Pは光合成速度（mg C chl.a^{-1} h^{-1}），$P_{\max}$は最大光合成速度，Iは光量子束密度（μmol Quanta m^{-2} sec^{-1}）である。αは光合成曲線の初期勾配，すなわち$I=0$のときの微分係数となる。

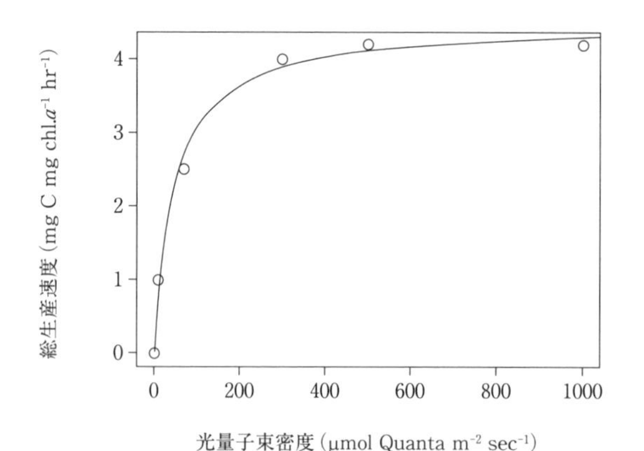

図5.3　湖沼の植物プランクトンの仮想的な光-光合成曲線
光合成速度は酸素発生量や二酸化炭素取り込み量で表される。ここでは植物プランクトン生物量，すなわちクロロフィルa量あたり，1時間あたりの炭素固定量（総生産速度）として表した。仮想的なデータを用いてRの非線形近似（nls関数）にて，光-光合成曲線を直角双曲線（$y \sim b\times a\times x/(b+a\times x)$）に近似させた。今回のデータでは，係数a（初期勾配α）は0.0955，係数b（最大光合成速度$P_{\max}$）は4.5025と求まった。

Rの非線形近似（nls 関数）を用いて，光-光合成曲線を直角双曲線（$y \sim b \times a \times x/(b+a \times x)$）に近似させ，係数（$a$ は勾配 α，b は最大光合成速度 P_{max}）を求める（図 5.3）。

$$P = b\frac{aI}{(b+aI)} \qquad \text{(式 5.4)}$$

ただし，直角双曲線に近似すると，光量の低いときの値が影響しやすくなるため，Rの近似（nls 関数）の際に非直角双曲線（non-rectangular hyperboloa, NRH）などを用いるのも手である。

5.4　水柱あたり１日の一次生産量の推定

現場で測定した深度ごとの光量子束密度から深度と光量子束密度の関係式を求める（図 5.1b）。

$$I = I_0 e^{-\lambda z} \qquad \text{(式 5.5)}$$

ここで I_0 は水面直下の光量子束密度（μmol photon m^{-2} sec^{-1}），λ は消散（吸光）係数（m^{-1}），z は深度（m）である。1日の総光量子束密度は，気象観測で日照が記録されている場合には，その値を加算して求める。ただし，天候に左右されるため，観測前後 2〜3 日のデータを平均するとよい。また気象観測では日照は照度（lux）で記録されているため光量子束密度（μmol photon m^{-2} sec^{-1}）への換算が必要である。照度から光量子束密度への換算は光の波長にもよるが，1 lux は 0.01953 μmol photon m^{-2} sec^{-1} と仮定して換算ができる（Wetzel and Likens, 2000）。

もし日照データが利用できない場合には，実測した水面直下の光量子束密度と測定時刻を用いて，1日の光量子束密度の変化を sin 曲線で近似する。

$$I_0 = I_{max} \times \sin^2 wt \qquad \text{(式 5.6)}$$

ここで I_{max} は可能であれば南中時の（無理であれば調査時の）水面直下の光量子束密度（μmol photon m^{-2} sec^{-1}），w は π/D（D は1日の日照時間），t は日の出から南中（もしくは調査）の時間（hr）とする。

各深度ごとに，光-光合成曲線と平均光量子束密度からクロロフィル a 量あたり時間あたりの光合成速度を求める（Urabe *et al.*, 1999）。各深度のクロロフィル量と1日あたりの総光量子束密度をかけあわせ，任意の深度での総生産量を求める。

直角双曲線に近似させる場合には，上記の式5.4と式5.5から求めた係数を以下の式に代入し，任意の深度での1日の総生産量を求めることもできる（Nakanishi and Yamamura, 1984; Nakanishi *et al.*, 1992）。

$$A_{day} = \rho \frac{bD}{a}\left(1 - \frac{1}{\sqrt{1 + aI_{\max} e^{-\lambda z}}}\right) \qquad (式5.7)$$

ここで A_{day} は1日の総生産量（mg C m^{-3} day^{-1}），ρ はその深度のクロロフィル量（mg chl.a m^{-3}），D は1日の日照時間となる。

各深度における総生産量，呼吸量の鉛直プロファイルグラフを作成し（図5.1c），そのグラフが描く図形の面積から水柱における1日あたりの総生産量を算出する（mg C m^{-2} day^{-1}）。基礎生産量と呼吸量の鉛直プロファイルから日補償深度（光合成量と呼吸量が釣り合う深度）を求める。

第6章　植物プランクトンの沈降速度

6.1　はじめに

水の中では，比重が大きい物は沈む。植物プランクトンは沈む運命にあるが，なるべく光が十分な表層にとどまるために様々な戦略をとっている。

一般に球状の物質は半径が大きくなるほど，もしくは密度が大きくなるほど，沈降速度は大きくなる。これは，ストークの法則（Stoke's law）と呼ばれ，以下の式で表される。

$$\nu = \frac{2gr^2}{9n}(\rho - \rho_0)$$

ここで，ν は沈降速度（m sec^{-1}），r は粒状物質の半径（m），ρ は密度（kg m^{-3}）である。ρ_0 は溶液の密度（kg m^{-3}），g は重力加速度（m sec^{-2}），n は溶液中の粘性係数（kg m^{-1} sec^{-1}）である。この法則に基づくならば，球状の植物プランクトンは比重すなわち水との密度の差（$\rho - \rho_0$）や，細胞サイズ r を小さくすることにより，沈みにくくなる。

比重は，細胞内に油滴やガス胞のように水よりも軽い物質を貯蔵することで小さくなる。また液胞や粘質鞘（ゼラチン膜）など，密度が水に近い細胞組織を多くもつ細胞は沈みにくい。これらの量は細胞の生理状態によって変わり，それに伴い沈降速度も変化する。極端な例として，細胞が死ぬと原形質が抜けた殻となり，生きた細胞よりも早く沈む。例えば緑藻 *Staurastrum* の生きた細胞は1日に10 cm ほどしか沈まないが，死んだ細胞では10 m も沈む（Kagami *et al*., 2006）。珪藻 *Stephanodiscus* では，死んだ細胞については細胞サイズが大きくなるほど沈降速度は大きくなるが，生きた細胞ではこの関係は成り立たない（Reynolds, 1984; 図6.1）。このことから，生きた細胞には油滴など沈降速度を調整する物質が含まれていることがわかる。

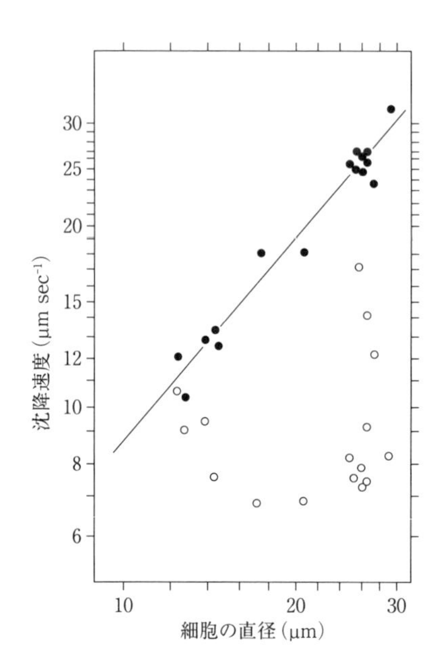

図 6.1　植物プランクトンの沈降速度と細胞サイズの関係

珪藻（*Stephanodiscus rotula*）の沈降速度（μm sec^{-1}）と細胞直径（μm）の間には，生きた細胞（○）では関係が見られない。熱処理した死細胞（●）では有意な関係があり，細胞が大きいほど沈降速度も大きくなる（Reynolds, 1984）。なおグラフの両軸はともに対数である。

細胞が極端に小さくなると，沈みにくくなる。植物プランクトンのなかには半径が数マイクロメートルほどの微小な種類もいる。小さい種は沈みにくいだけでなく，水の動き（ラングミュア循環）の影響で，表層にとどまりやすい。また，表面積・体積比が大きいため，栄養塩の利用効率がよく，栄養塩をめぐる競争にも優れている。このように細胞が小さいことで多くの利点があるが，小さいがゆえに動物プランクトンに捕食されやすいという負の面もある。

細胞の形状が異なれば沈降速度は変化する。例えば，細胞表面に棘がある，細胞同士が集まって星型や帯状のコロニーを形成するなどにより，水の抵抗が増し沈降速度は小さくなる。また三日月型の細胞や，帯状のコロニーは，沈みながら回転するため，栄養塩や二酸化炭素を取り込みやすく，老廃物を排出しやすいという利点がある。

渦鞭毛藻類やクリプト藻類は，鞭毛をもち泳ぐことができる。また，浮力を調整し水柱を上下に移動することで，深層の栄養塩と表層の光の両方を獲得できる。例えば，ラン細菌の *Microcystis* や *Anabaena*（現 *Dolichospermum*）はガス胞（gas vacuole）の量で浮き沈みを調整している（Brookes *et al.*, 1999）。

野外における沈降速度は，植物プランクトンの種や生理状態だけでなく，水温や成層の発達度合い，鉛直混合の強さなど物理的要因の影響を受ける。実際の湖沼や海洋において植物プランクトンがどれだけ沈降するか，一次生産の何パーセントが湖底（海底）に沈み堆積するかを把握することは，炭素循環を理解するうえで重要である。また，植物プランクトンの個体群動態における沈降の重要性の評価にもつながる。

本章では，実験室内で沈降速度を測定する方法（SETCOL 法）と，野外で沈降速度と沈降量を測定するためのセディメントトラップ法について説明する。

6.2 SETCOL 法

植物プランクトンが肉眼で見えるならば，メスシリンダーに水を入れ，植物プランクトンが沈む速度を目視で測定すればよい。実際，プランクトンの遺骸が集まった凝集体の沈降速度は目視で測定される。しかし，多くの植物プランクトンは目視できないため，SETCOL 法が有効である（Bienfang, 1981；図 6.2）。SETCOL は長いガラス管の底に試料を取り出すコックがつけられたもので，製作には特殊なガラス加工を必要とするが，測定原理は単純である。

試料を SETCOL に入れ均一に分布するように混ぜたのち，一定時間静置する。静置前の細胞密度と静置後の底に試料を計数し密度を求めて沈降速度を計算する。沈降速度は以下の式により計算できる。

$$\nu = \frac{conc._{bottom} \times V_{bottom}}{conc._{initial} \times V_{total}} \times \frac{L}{h}$$

ここで，ν は沈降速度（m h^{-1}），V_{total} は容器の容量（mL），V_{bottom} は沈降した細胞密度を求める容量（mL），$conc._{initial}$ は実験開始時の細胞密度（cells mL^{-1}），$conc._{bottom}$（cells mL^{-1}）は実験終了時の底に集まった細胞密度，L は SETCOL の高さ（m），h は放置時間（hour）である。

水温によって水の密度が変化し沈降速度に影響するため，実験の際は温度を

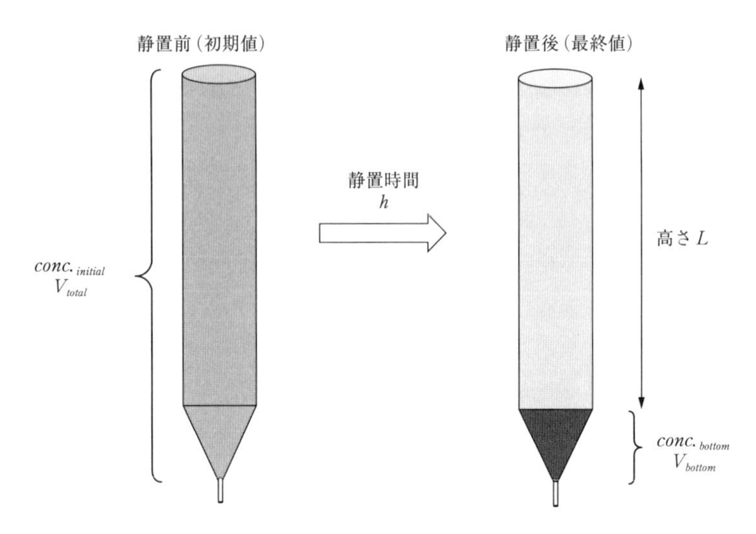

図 6.2　SETCOL を用いた沈降速度の測定方法
SETCOL（全容量 V_{total}）に試料を均一になるよう入れ，初期密度 $conc._{initial}$（cells mL^{-1}）を求める。一定時間静置した後，底に沈んだ試料を一定量 V_{bottom} 採取し，最終密度 $conc._{initial}$（cells mL^{-1}）を求める。筒の高さ L（m）と静置時間（h）から，沈降速度（m h^{-1}）を求めることができる。

一定に保つ。また静置中に細胞が増えないよう暗所で短時間（数時間程度）で行う。筆者は高さ L が 0.6 m，V_{bottom} が 100 mL，V_{total} が 600 mL のものを用い，1 時間静置して珪藻 *Asterionella* の沈降速度を測定した。上部にもコックを設ければ，積極的に浮く種類の浮上速度を計算することもできる。

6.3　セディメントトラップ法

深い湖や海では，セディメントトラップにより，植物プランクトンの沈降量を求めることができる（図 6.3）。セディメントトラップには様々なサイズがある。例えば，琵琶湖では，内径 12 cm，高さ 70 cm の捕集筒（アクリル製）を 4 本 1 セットとして，水温躍層直下の深度 30 cm に 1 日間（24 時間）設置した（Yoshimizu *et al.*, 2001；Kagami *et al.*, 2006）。設置期間は，捕集物の生物化学的変質を避けるには短いほうがよいが，捕集量を十分確保する必要はある。長時間設置する場合，トラップの捕集容器にホルマリンなど固定液を入れて，変性

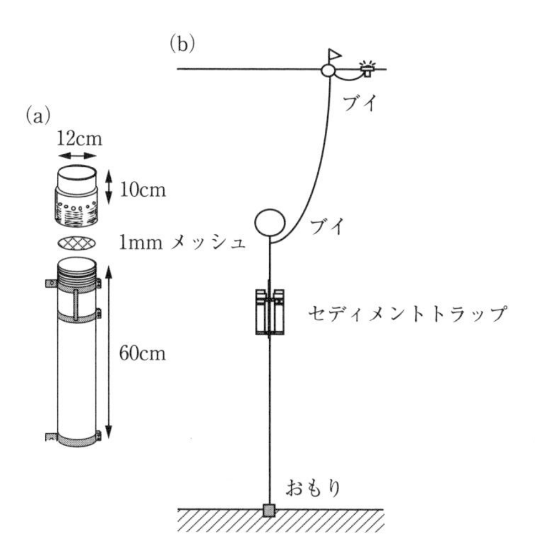

図 6.3 セディメントトラップ
(a) 琵琶湖で用いたセディメントトラップはアクリル製の筒を4本1セットとしたもの (Yoshimizu *et al.*, 2001)。ヨコエビなどが混入するのを防ぐため 1 mm のメッシュをかけた。(b) ブイとおもりを用いてセディメントトラップを深度 30 m に 1 日間設置した。船の衝突回避のため，旗とライトを目印として設置した。捕集した沈降粒子は化学分析や顕微鏡観察に用いた。

を防ぐ場合もある。またヨコエビなど底生生物が混入し撹乱するおそれがある場合には，捕集口に 1 mm メッシュのネットをかける。一定時間の沈降物を採取するには，自動開閉式の蓋をトラップにつける。

回収したセディメントトラップは，サイホンなどを用いて各筒内の上澄みを除き，残りの水とともに捕集した沈降物をポリ瓶に移す。水量を捕集容量 V (m^3) として測定した後，種々の分析に用いる。

植物プランクトンの沈降速度を求めるには，試料の一部をルゴール液（最終濃度 0.4%; 2.3 節参照）で固定し，計数する。沈降量，すなわち一日あたりの沈降細胞数 N_s (cells m^{-2} day^{-1}) は，捕集された細胞数 N'_s (cells m^{-3})，捕集容量 V (m^3) およびトラップの開口面積 A (m^2) から以下の式により求める。

$$N_s = N'_s \times V \div A$$

沈降速度 ν (m day^{-1}) は，沈降した細胞数 N_s (cells m^{-2} day^{-1}) をセディメントトラップ設置以浅の水柱（Hargrave and Burns, 1979）における植物プラ

ンクトンの平均密度 N_0（cells m^{-3}）で割ることで求められる。

$$\nu = N_s \div N_0$$

セディメントトラップに捕集された細胞のうち，生きた細胞だけでなく，死んだ細胞も数えることにより，植物プランクトンの自然死亡による消失量を求めることができる（Sommer, 1984）。ただし，死んだ細胞が殻として残る珪藻や緑藻などに限って適用できる。細胞が死んだかどうかは，細胞内の原形質の量を基準に判断する。原形質が多少とも存在する細胞は光合成が可能なため（Knoechel and Kalff, 1978），ここでは完全に原形質がなくなったものを自然死亡と定義する。自然死亡量 N_d（cells m^{-2} day^{-1}）は，Sommer（1984）に従い，以下の式より算出できる。

$$N_d = N_{ds} + N_{d1} - N_{d0}$$

ここで，N_{ds} はセディメントトラップに捕集された殻の数（cells m^{-2}），N_{d0} はセディメントトラップを仕掛けた時のセディメントトラップ設置以浅の水柱における殻の密度（cells m^{-2}）で，N_{d1} はセディメントトラップ回収時におけるセディメントトラップ設置以浅の水柱での殻の密度（cells m^{-2}）である。もしも回収時に殻の密度を測定しなかった場合には，調査期間中に殻が指数関数的に増加すると仮定して，次の調査時の密度から回収時に予想される殻の密度を次の式により求められる（Kagami *et al.*, 2006）。

$$N_{d1} = N_{d0} \times e^{\frac{Log_e(N_{dt}) - Log_e(N_{d0})}{t}}$$

ここで N_{dt} はセディメントトラップを仕掛けた次の調査時に観察されたセディメントトラップ設置以浅の水柱における殻の密度（cells m^{-2}），t は調査期間（day）である。

琵琶湖において上記の方法で植物プランクトンの沈降量を算出したところ，優占種の緑藻 *Staurastrum dorsidentiferum* や珪藻 *Fragilaria crotonensis* は1日1 m^2 あたり $3 \sim 125 \times 10^5$ 細胞沈んでいた（表6.1）。興味深いことに *S. dorsidentiferum* に関しては生きた細胞よりも死んだ殻のほうがより多く沈んでいた（表6.1；図6.4）。

表 6.1 琵琶湖におけるセディメントトラップを用いた沈降細胞数と沈降速度の算出例

琵琶湖において 1997 年 7〜11 月および 1998 年 4〜6 月まで毎月セディメントトラップを深度 30 m に 1 日間設置した。優占種であった緑藻 *Staurastrum dorsidentiferum* と珪藻 *Fragilaria crotonensis* の捕集された細胞数を求め，そこから沈降速度を推定した。なお，生きた細胞と死んだ殻の細胞を別々に計数した（Kagami *et al*., 2006 を改変）。

	セディメントトラップに捕集された細胞数（$\times 10^5$ cells m^{-2} day^{-1}）		沈降速度（m day^{-1}）	
	生きた細胞	殻	生きた細胞	殻
Staurastrum dorsidentiferum				
1997 年 7 月 15 日	5	6	0.13	6.00
1997 年 8 月 12 日	14	36	0.14	2.32
1997 年 9 月 17 日	43	717	0.15	8.00
1997 年 10 月 14 日	125	1175	0.57	2.41
1997 年 11 月 17 日	14	635	0.56	10.48
1998 年 4 月 15 日	22	14	0.64	3.25
1998 年 5 月 20 日	17	67	0.19	2.39
1998 年 6 月 19 日	10	41	0.18	0.68
Fragilaria crotonensis				
1998 年 4 月 15 日	9500	0	0.69	0.00
1998 年 5 月 20 日	12500	3200	4.66	5.36
1998 年 6 月 19 日	330	200	0.14	0.31

沈降速度を計算してみると，*S. dorsidentiferum* の生きた細胞では 1 日に 0.1 m 程度しか沈んでいないのに対し，死んだ細胞では 2〜10 m もの速さで沈んできた（表 6.1）。生きた細胞内には油滴や液胞など浮力を保つ物質が含まれていたことが推察できる（6.1 節参照）。

セディメントトラップに捕集された生死細胞数（表 6.1）と，セディメントトラップの設置前後での水柱における生死細胞数から求めた沈降による消失量 Ns と自然死亡量 N_d を表 6.2 に示した。*F. crotonensis* は沈降による消失量 N_s のほうが自然死亡量 N_d よりも多いのに対し，*S. dorsidentiferum* は沈降 N_s（原形質のある生細胞の沈降量）よりも自然死亡による消失量 N_d（原形質の抜けた死細胞の増加と沈降量）のほうがはるかに多い。*S. dorsidentiferum* の殻細胞には菌類ツボカビが寄生している様子が観察でき（図 10.4; 図 6.4），その寄生率は時として 80% を超えた。*S. dorsidentiferum* の自然死亡はツボカビの寄生によって引き起こさたことが明らかとなった（第 10 章参照）。*S. dorsidentiferum* の一細胞あたりの炭素量（3,345 pg $cell^{-1}$）から自然死亡量 N_d を炭素量に換算したところ，9 月の自然死亡による炭素消失量は 163 mg C m^{-2}

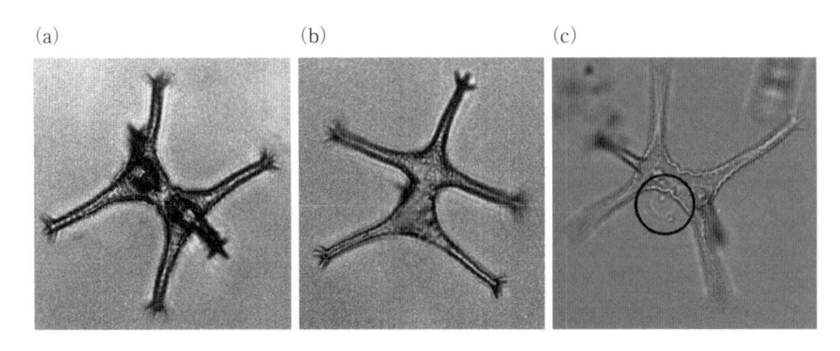

図 6.4　緑藻 *Staurastrum dorsidentiferum* の生きた細胞と死んだ殻

琵琶湖で設置したセディメントトラップには緑藻 *Staurastrum dorsidentiferum* の生きた細胞（a）よりも細胞質が抜けた殻（b）が多く捕集された。(c) 殻には寄生性菌類であるツボカビの胞子体の殻（丸で囲んだ部分）が付着していた（第10章参照）。口絵10参照。

表 6.2　琵琶湖における優占植物プランクトン2種の沈降による消失量と自然死亡量の推定

表6.1の結果と水柱の細胞数を元に琵琶湖の優占種であった緑藻 *Staurastrum dorsidentiferum* と珪藻 *Fragilaria crotonensis* の沈降による消失量と自然死亡量を推定した（Kagami *et al.*, 2006 を改変）。両種とも大きな細胞なため沈降による死亡量が上回ると予想されたが，緑藻 *S. dorsidentiferum* は沈降よりも自然死亡による消失量のほうがはるかに多かった。

	沈降による消失量	自然死亡量
Staurastrum dorsidentiferum（$\times 10^5$ cells m^{-2} day^{-1}）		
1997年7月15日	4.9	13.2
1997年8月12日	14.4	52.86
1997年9月17日	42.5	488.59
1997年10月14日	124.6	0（−5.3）
1997年11月17日	14	460.94
1998年4月15日	21.8	30.18
1998年5月20日	16.5	91.13
1998年6月19日	10.2	0（−65.4）
Fragilaria crotonensis（$\times 10^7$ cells m^{-2} day^{-1}）		
1998年4月15日	95	35
1998年5月20日	125	5.3
1998年6月19日	3.3	9.4

day^{-1} となり，その月の琵琶湖北湖の一次生産量（660 mg C m^{-2} day^{-1}）の25%にも相当することが判明した。

Box 6.1

プランクトンを用いた環境教育プログラム

植物プランクトンは，生存に必要な光を得るために，水中にできるだけ長く浮いていられるよう適応進化してきた。極端な例では，鞭毛をもち泳ぐことのできる種もいる。逆に，積極的に沈むことで強光を避け，深いところで豊富な栄養塩を吸収する種も存在する。このような浮力調整は，細胞の形や細胞内の油分，浮き輪として機能するガス胞や鞭毛の存在により，可能となる。

プランクトンを自作することで，細胞の形や浮き輪がどのように機能しているのかを体感でき，環境教育の一環になる（例：The Great Plankton Race, MARE (Marine Activities Resources and Education), University of California から公表されている）。ここでは筆者がドイツの研究所 IGB-Berlin（Leibniz-Institute of Freshwater Ecology and Inland Fisheries）の一般公開日に行ったプログラムであるプランクトンレースを紹介する（図）。カラーモールに，プラスチックや木

(a)

(b)

(c)

図 プランクトンレースの様子

ドイツの研究所 IGB-Berlin において 2016 年 6 月の研究所公開日に行ったプランクトンレースの様子である。(a) カラーモールに，プラスチックや木でできたビーズ，金属ネジ，ストローなど通し，自由自在に形を作る。(b) 各自のプランクトンを水柱に一斉に入れレースを行う。(c) 一番ゆっくりと沈んだプランクトンが勝ち，完全に浮くプランクトンは失格となる。口絵 11 参照。

でできたビーズ，金属ネジ，ストローなど通し，自由自在に形を作る。各自のプランクトンを水柱に一斉に入れレースを行う。完全に浮くのではなく，一番ゆっくりと沈んだプランクトンが勝ちとすると，適度に沈むプランクトンを作るのはなかなか難しく，盛り上がる。

第7章　植物プランクトンの単離・培養方法

7.1　はじめに

野外の植物プランクトン群集から特定の種類を分離する操作を単離（isolation）という。単離した種（株）を純粋培養できれば，詳細な形態観察や分子系統解析，栄養塩など資源利用特性の解明や競争実験，捕食実験（第9章）など多様な展開が可能となる。

植物プランクトンの多くは実験室で培養できる。単離や培養方法は藻類関係の専門書（Andersen, 2005；渡邉，2012）に写真入りで詳しく解説されている。多様な単離培養株が国立環境研究所（NIES）や製品評価技術基盤機構バイオテクノロジーセンター（NBRC）など研究機関に維持されており，株の購入や寄贈が可能である（渡邉，2012）。本章では，筆者が用いてきた方法を中心に，野外試料から植物プランクトンを単離する方法および実験室において培養する方法を紹介する。

7.2　培地の作成方法

植物プランクトンの培養には，窒素やリンなど無機栄養塩類，光が必要である。培養を目的に作成された無機栄養塩を含む水は培地（medium）と呼ばれ，植物プランクトンの特性に合わせ，様々なレシピがある（表7.1; Andersen, 2005；渡邉，2012）。一般に，培地は窒素やリンなどの主要元素，鉄や銅などの微量元素，ビタミンから構成される。培養に用いる水は超純水や蒸留水，イオン交換水，水道水など研究室によって様々である。筆者はイオン交換水か蒸留水を用いている。海産の植物プランクトンには濾過海水（孔径0.2 μmのフィルターにより濾過した海水）や人工海水（塩類を精製水に加えたもの，ダイゴ

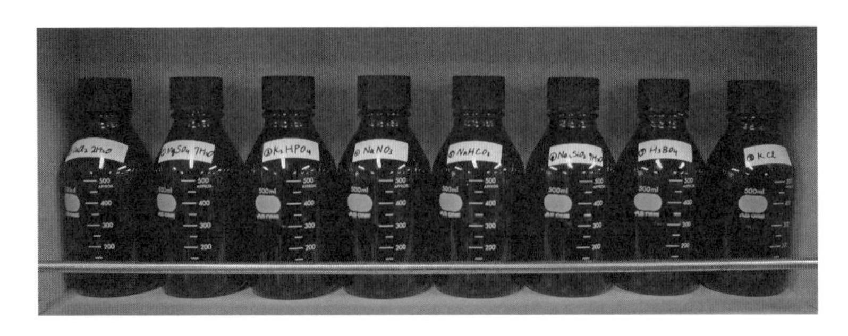

図 7.1　培地のストック液

培地組成（表 7.1）のそれぞれ成分ごとに 1000 倍の濃度に相当するストック液を作成し保管する。培地作成時には，1 L の水に対し，各ストック液を 1 mL ずつ加える。

人工海水 csp など粉末が市販されている）を用いる。珪藻や緑藻類など幅広い分類群に用いられる培地は WC 培地や改変 Chu-10 培地である（Guillard and Lorenzen, 1972; Stein, 1973；表 7.1）。COMBO 培地は WC 培地とほぼ同様の組成で，動物プランクトン用の培地への展開が可能である（Kilham *et al.*, 1998；表 7.1）。藍藻類向けには pH を高くした MA 培地（市村，1979）がある。海産の植物プランクトンには，すべての要素が混合され海水に溶かすだけのダイゴ IMK 培地が便利である。国立環境研究所のカルチャーコレクション（NIES）では，保存株の情報とあわせて培養に適した培地と組成，培養条件が公開されている（http://mcc.nies.go.jp/02medium.html）。

培地は各試薬を作成時に毎回秤量するのではなく，それぞれ成分ごとに 1000 倍の濃度に相当するストック液を作成する（図 7.1）。すなわち，表 7.1 にある培地組成（$mg\ L^{-1}$）の 1000 倍の濃度（$g\ L^{-1}$）のストック液を作成し，各ストック液を 1 L の水（蒸留水など）に対して 1 mL ずつ加える。ストック液は単一の栄養素しか含まないため，長期的に保管できる（図 7.1）。ただし，ストック液同士を決して混合しないよう，培地作成時にはストック液ごとにチップを必ず交換する。

微量元素とビタミンは，最終濃度が低いため，ストック液の 100～1000 倍の濃度のプレストック液を作成する（例えば，1000 倍濃度のものを 100 mL 作成する）。いずれも，元素を混合したものを作成し，プレストック液とストック液は冷凍庫で保管し，適宜解凍して使用する。

表 7.1　植物プランクトン用の培地組成

	WC	COMBO	Chu-10
栄養素（mg L^{-1}）			
$Na_2SiO_3 \cdot 9H_2O$[1)]	28.42	28.42	5
K_2HPO_4	8.71	8.71	10
$MgSO_4 \cdot 7H_2O$	36.97	36.97	25
Na_2CO_3			20
$CaCl_2 \cdot 2H_2O$	36.76	36.76	
$Ca(NO_3)_2 \cdot 4H_2O$			57.56
$NaHCO_3$	12.60	12.60	
H_3BO_3	1.00	24.00	
$NaNO_3$	85.01	85.01	
KCl		7.45	
微量元素（mg L^{-1}）[2)]			
$Na_2EDTA \cdot 2H_2O$	4.36	4.36	4.36
$FeCl_3 \cdot 6H_2O$	3.15	1.00	3.15
$MnCl_2 \cdot 4H_2O$	0.18	0.18	
$CuSO_4 \cdot 5H_2O$	0.01	0.001	
$ZnSO_4 \cdot 5H_2O$	0.022	0.022	
$CoCl_2 \cdot 6H_2O$	0.01	0.012	
$Na_2MoO_4 \cdot 2H_2O$	0.006	0.022	
Na_3VO_4		0.0018	
H_2SeO_3		0.0016	0.163
動物用微量元素（mg L^{-1}）[3)]			
LiCl		0.31	
RbCl		0.07	
$SrCl_2 \cdot 6H_2O$		0.15	
NaBr		0.016	
KI		0.0033	
ビタミン（μg L^{-1}）[4)]			
Vitamine B_{12}	0.50 μg	0.55 μg	1 μg
Biotin	0.50 μg	0.50 μg	1 μg
Thiamine HCl	100 μg	100 μg	200 μg
バッファー（mg L^{-1}）[5)]			
TES（N-tris［hydroxymethyl］-methyl-2aminoethane sulfonic acid）	115 mg	200 mg	
Tris	500 mg		
pH[6)]		7.8	（珪藻）6.4 （藍藻類）8.5
参考文献	Guillard and Lorenzen（1972）	Kilham *et al.*（1998）	Stein（1973）

1）ストック液の状態で pH を 7 程度に調整し中和しておくとよい。
2）1mg L^{-1} 以下の濃度の元素は混合してストック液の 100～1000 倍のプレストック液を作成し，冷凍保存する。
3）動物プランクトン飼育用の場合のみ添加する。
4）ビタミンは混合してストック液の 100～1000 倍のプレストック液を作成し，冷凍保存する。
5）バッファーは必ずしも入れる必要はない。Tris バッファーは藻類の成長を阻害することもあるのでその場合には TES を用いる。入れる場合にはその都度秤量して入れる。
6）pH の調整は 1 N の塩酸や水酸化ナトリウムで行う。

以下に，液体培地の調整方法の手順を示す。

(1) 事前に栄養塩ごとに1000倍の濃度のストック液を作成する。ストック液の中でも，シリカ（$Na_2SiO_3 \cdot 9H_2O$）はpHが著しく高くなるため，ストック液自体のpHを7程度になるよう1N程度の塩酸を適宜加えるなどして調整するとよい。

(2) 1Lのガラス瓶（オートクレーブが可能で蓋付きのもの）にイオン交換水（蒸留水や超純水も可）を1L入れる。栄養塩類および微量元素の各ストック液を水1Lに対し1mL入れる。ビタミンは熱で壊れてしまうため，オートクレーブした後に入れる。

(3) オートクレーブする前に，pHを調整する。瓶に撹拌子を入れ，スターラーで撹拌しながらpHメーターを用いて，指定のpHに調整する。調整には0.1～1N（規定）のHClやNaOHを用いる。TESなどバッファーを入れて培養期間中のpHは安定させる場合でも，このpH調整作業を行うことが望ましい（TESバッファーを加える場合は，1Lの培地に対し115mg入れる）。

(4) 瓶の蓋をゆるめに閉めオートクレーブに入れ，121℃で30～90分，滅菌処理する。ボトルの蓋をゆるく閉めるのは破裂を防ぐためである。液量が多いと必要な温度に達するのに長くかかるため，滅菌時間はボトルの液量に応じて変更する（1L以下のときは30分，2L以上のときは60分以上行う）。ただし，高温の時間が長くなると培地の成分によっては影響を受けるため，時間を長くするよりは液量を少なくするほうがよい。

(5) 滅菌処理後，蓋を閉めてから瓶を取り出す。培養液が冷えたらクリーンベンチ内でビタミンを加える。クリーンベンチは微生物の混入を避けながら作業するための装置で，清潔に使用するように心がける（7.4.1項参照）。冷凍保存してあるビタミンのストック液を室温で溶かした後，シリンジで吸引する。シリンジの先端に滅菌されている孔径0.2μmのシリンジフィルターを取り付け，濃度に合わせた量（1Lに対して1mL）を培地に加える。

寒天培地を作成する場合は，(3)のpH調整が完了した段階で寒天（アガロース）を1～2％の割合でボトルに入れる。例えば1.5％の寒天培地を作成する場合には，1Lの水に対して15gの寒天（アガロース）を加える。(4) と同様に滅菌し，滅菌が終了した後，60℃くらいの寒天が固まる前に取り出し (4) と同様にビタミンなどを加える。培地が固まる前に，クリーンベンチ内でシャーレに適量まき，冷やして固める。

7.3　単離方法

野外の植物プランクトン群集から単一の種類を単離する方法には，ピペット洗浄法（7.3.1項）や寒天プレート法（7.3.2項），希釈培養法（7.3.3項）がある。ピペット洗浄法は最も基本的な単離方法であり，キャピラリーやピペットを用いて湖水中から直接対象種を吸い取る（図7.2）（渡邉，2012；仲田，2015）。植物プランクトンの多くは光学顕微鏡下でそのまま観察が可能なため，この方法を用いることができる。ただし，直径が数マイクロメートルしかない小型の種類（ピコプランクトン）については，後述するような寒天プレート法や希釈培養法が適している。

いずれの方法も他の生物の混入を防ぐために，使用するチップやピペットなどの器具は事前にオートクレーブを行い滅菌しておく（もしくは滅菌済みの使い捨てピペットやシャーレ，培養プレートを用いる）。観察に用いるスライドガラスは99％エタノールで拭いてから用いる。

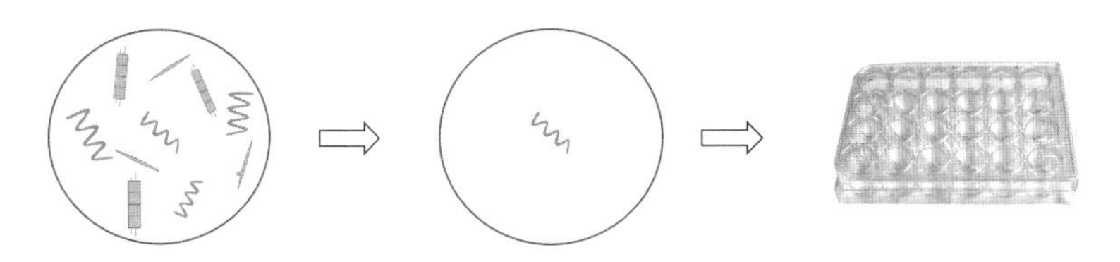

図7.2　単離の手順
試水を容器（シャーレやスライドガラスなど）に入れ観察。単離したい種を見つけたらピペットやキャピラリーで吸い取り，洗浄用の培地（濾過湖水・海水でもよい）に移す。顕鏡し，対象種が取れたかを確認し，再び吸い取り，別の洗浄用の培地に移す。このような洗浄を2～3回繰り返す。最後に培地の入った培養プレート（24や48，96穴）の1穴に移す。

7.3.1　ピペットによる単離方法（ピペット洗浄法）

ピペットは対象とする種の大きさに応じて選ぶ。例えば，キャピラリー（パスツールピペットの先端を火であぶり伸ばしたもの）は，伸ばし具合で細さが調整でき，小さな種類に適している（図 7.3）。様々な孔径（0.1～1 mm）のガラス管を装着できるピペット（Microcaps）もある（図 7.4）。ピペットにゴム管を装着し片側を口に加えることで，細胞を吸い取ったり吐き出したりできて便利である（マウスピペッティングとも呼ばれる）。ニップルをつけて手で行うこともできる。マイクロピペット（ピペットマン）に 10 µL チップをつければ，100 µm 以上の大型種の単離もできる。以下にピペット洗浄法の手順を示す。

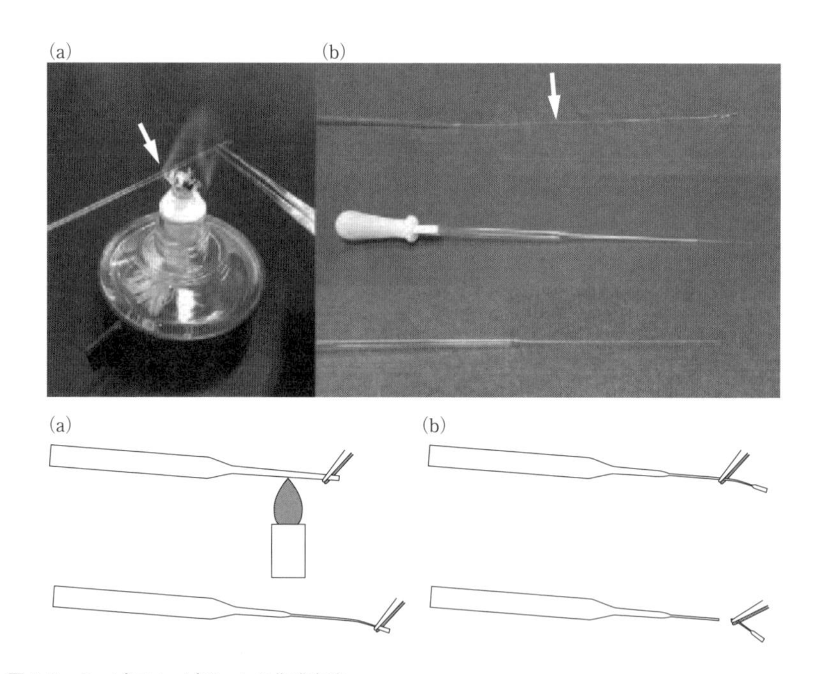

図 7.3　キャピラリーピペットの作成方法

(a) パスツールピペットの先端をピンセットでつまみ，アルコールランプで柔らかくなるまで炙って，火から取り出しながら一定の力で一直線に引き伸ばす。引き伸ばす早さで太さを調整する（早く引き伸ばすほど細い孔径になる）。

(b) 引き伸ばした部分が 5 cm くらいになるよう（写真の矢印の位置），ピンセットを用いてガラス管を折る。ガラス管の先端がきれいに割れていることが望ましい（渡邉，2012；仲田，2015 を改変）。

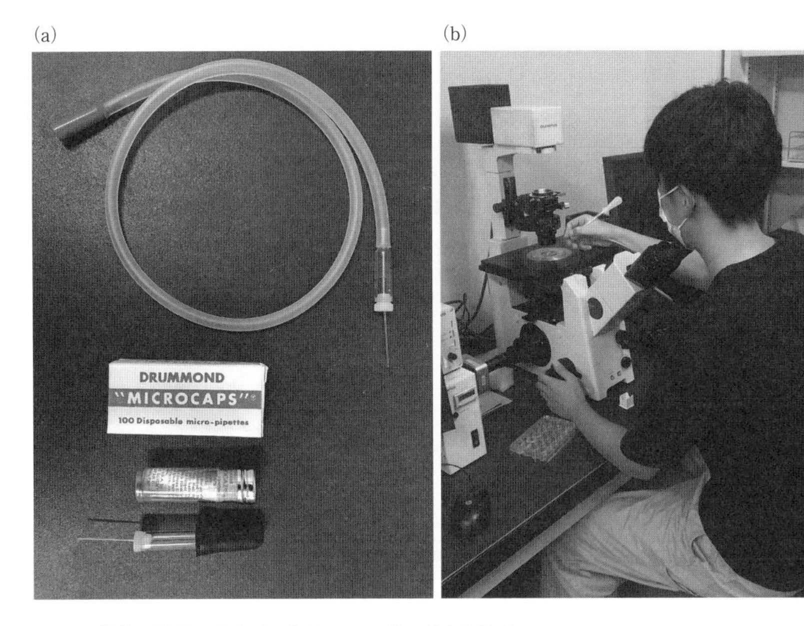

図 7.4　単離に便利なピペット（Microcaps），単離の様子
(a) 様々な孔径（0.1～1 mm）のガラス管を購入・装着できる。ピペットにゴム管を装着すれば，片側（赤いキャップ付き）を口に加えることで，細胞の吸い取り吐き出しを口で調整できる（マウスピペッティングとも呼ばれる）。ニップルを用いてスポイトのように扱うこともできる。(b) キャピラリーを用いて倒立顕微鏡で単離する様子。口絵 12 参照。

(1) 単離したい植物プランクトンが含まれている試水を適量，容器（シャーレやホールスライドガラスなど）に入れる。別の容器には，吸い取った植物プランクトンを洗浄するための培地（濾過湖水・海水でもよい）を入れる。滅菌水での洗浄や培養は，浸透圧の関係で細胞が破裂してしまう場合があるため，避けたほうがよい。2 穴や 3 穴のホールスライドガラスがあれば，1 穴に試料を入れ，残りの穴に洗浄用の培地を入れると便利である。単離したい種の密度が低い場合は，濃縮してから単離したほうが効率がよい。濃縮には遠心機やハンドネット，メッシュが用いられる（2.4 節参照）。シアノバクテリアなど浮きやすい種類は，湖水を細長い瓶やシリンダーに入れて数時間静置し表面に浮いてきた細胞を吸い取ることで，選択的に集めることができる。

(2) (1) で用意した試料を顕微鏡で検鏡し，単離したい植物プランクトンを探す。見つけたらピペットの先端を対象種の近くに移動し，吸い取る。ピペットの先端を洗浄用の培地につけて，吸い取った細胞（もしくはコロニー）を吐き出す。

(3) 洗浄用の培地中に細胞があるか顕微鏡で確認する。再び対象細胞を吸い取り，別の洗浄用の培地に移す。洗浄の際，対象種を吸い取るのが困難なときは，対象種以外のものを取り除くのでもよい。

(4) (2) と (3) の洗浄と単離を数回繰り返すことにより，他の種や微生物の混入のない単離株を確立することができる。

(5) 単離できた植物プランクトンを，培地の入った培養プレート（24や48, 96穴；図7.2）に入れ，温度や光条件をセットしたインキュベーターに静置する。光源はLEDランプや蛍光灯を用い，光量子束密度は10〜200 μmol photon m^{-2} sec^{-1}とする。培養プレートは倒立顕微鏡を用いれば直接顕鏡でき，単離直後の様子を随時確認できる。通常の液体培地では栄養塩濃度が濃すぎて，対象としていない小型の緑藻や珪藻などが増えてしまうおそれがある。培地を適宜薄めて使うか，最初は濾過湖水・海水（<0.2 μm）で培養してもよい。

(6) 単離後数日間は毎日プレートを倒立顕微鏡で観察する。対象の植物プランクトンが増えたら，培地の入ったフラスコや試験管に移す。プレートの穴から，細胞を含む培地をピペットで吸い取り新しい培地に移してもよいが，今一度 (1)〜(3) の洗浄作業を行うと，他の種の混入をより一層防ぐことができる。

単離・培養は，通常1細胞から始め，クローン株を確立する。単離株を完全に無菌化したい場合には，各ステップで用いる器具や場所を完全に滅菌する。また培地に抗生物質（ペニシリン，ストレプトマイシンなど）を入れることも無菌株を確立するうえでは有効である。ただし，シアノバクテリアなど，抗生物質により成長が阻害される植物プランクトンもいるため，注意が必要となる。また珪藻や緑藻類など細胞の周辺に粘性の物質をもつものは，細胞表面にバクテリアが付着している場合が多く，無菌化しにくい。

7.3.2 寒天プレート法

寒天プレート法では，試水をそのまま栄養塩を含む寒天培地に撒いて，後日増えてきた植物プランクトンを単離する。対象とする藻類種に合わせ寒天の量を1〜2% の範囲で調整する。一般的には1.5% の濃度が用いられる。ただし，寒天上で増殖が可能な種類は限られるため，万能ではない。以下に寒天プレート法の手順を示す。

(1) 事前に寒天を1.5% 混ぜた培地を作成し，シャーレに入れて固めておく(7.2 節参照)。

(2) 試水をピペットで少量（100〜500 µL）とり，培地を含むシャーレ（寒天プレート）に撒き，プレートを傾けながら試水が全体に行き渡るようにする。コンラージ棒（スプレッダー）を用いて試水を塗り広げてもよい。試水中の細胞密度が高い場合には，ループ型白金耳を用いる。白金耳の先を試水につけた後，プレート上に線を描き接種する。

(3) 寒天プレートは，インキュベーター内で一定の温度で光を当てて培養する。適宜観察し，コロニーが確認できたら，白金耳やチップの先を用いてコロニーを分取して，新しい寒天プレートもしくは液体培地を含むフラスコや試験管に移し，培養を行う。

7.3.3 希釈培養法

対象種の細胞が小さくて直接吸いにくい場合や，密度が低く顕微鏡下で見つけるのが困難な種類については，試水を培養しながら単離する。希釈培養法もしくは粗培養法と呼ばれる（渡邉，2012；図7.5)。

希釈培養法には24 穴培養プレートが便利である。一般的に培地や濾過湖水(0.2 µm のフィルターにより濾過した湖水）で数段階に希釈した試水を接種する。希釈段階は，試水そのまま，10 倍希釈，100 倍，1000 倍希釈のように段階を設け，希釈段階につき24 穴培養プレート内4〜8 穴ずつ撒く。希釈段階によって異なる種が増加すると予想され，希釈率が高いと競争に弱い種が確認できることもある。

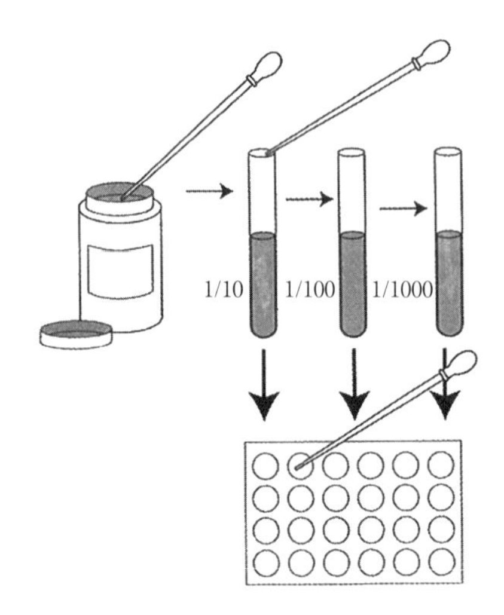

図 7.5　希釈培養法の一例
試水を培地や濾過湖水・海水で 10〜100 倍に希釈し，希釈段階ごとに培養プレート（24 や 48, 96 穴）に移し培養する。希釈段階によって成長速度の異なる種が増殖・単離できる。（渡邉, 2012）。

プレートは温度や光条件をセットしたインキュベーターに静置し，随時倒立顕微鏡にて観察する。対象の植物プランクトンが増えていたら，培地の入った試験管やフラスコ，新しい 24 穴プレートなどに移し，培養を継続する。

希釈培養法を用いて，希釈率と出現した細胞数の関係から密度を推定できる（the most probable number method, MPN 法）。顕微鏡下で確認しづらい小型の種類や低密度の種類の密度推定に用いられる。詳細は他書（西澤・千原, 1979；Hallegraeff *et al.*, 2004）を参考にしてほしい。

7.4　継代培養・無菌操作

7.4.1　継代培養

単離株は，随時新しい培地に植え継ぐことで，長期間維持することができる（図 7.6）。このような培養は，継代培養と呼ばれ，単離株の成長速度に応じて週 1 回から月 1 回の頻度で行う。植え継ぐ際には，必ず検鏡し，他の種が混入していないか，生育状況が悪くなっていないか確認する。

(a)

(b)

図7.6 インキュベーターでの培養の様子

(a) LED光源を用いてインキュベーター（PHC社 MIR-554）で様々な藻類を培養している。
(b) 250 mL フラスコでの培養の様子。キャップはシリコン製のものでオートクレーブできる。口絵13参照。

長期的に培養株を維持する場合，植え継ぎ頻度を抑えるよう培養条件を設定する。16℃ 以下の低温，10〜40 μmol photon m^{-2} sec^{-1} 程度の弱光条件にしたインキュベーターで培養すれば，数ヶ月に1回の更新でも維持できる。その際，試験管には数十ミリリットルの液体培地を入れキャップをする。もしくは蓋付き試験管内に斜面状に固めた寒天培地（斜面培地，スラントとも呼ばれる）を作り，単離株を接種する。

種類によっては凍結保存により長期間維持できるものもいるが，凍結や融解の方法に気をつける必要がある。単離株をNIESやNCBRなどカルチャーコレクションに寄贈することもできる。

7.4.2 無菌操作

継代培養に関わる作業は，微生物や他の植物プランクトンが混入しないよう，クリーンベンチ内で無菌的に操作する必要がある。無菌操作の詳細は藻類ハンドブック（渡邉，2012）に写真入りで丁寧に解説されている。以下に無菌操作の手順を簡単に示す。

(1) クリーンベンチ内で使用するチップやピペットなどの器具，および培養に使用するフラスコやシリコンキャップ，試験管は事前にオートクレーブにて滅菌しておく（もしくは滅菌済みの使い捨てピペットや培養プレートを用いる）。

(2) クリーンベンチを使用する前に70％エタノールをクリーンベンチ内部全体に吹きかけ消毒する。マイクロピペットや自らの手にも噴射し，消毒する。使用前に紫外線照射を15分行うと，なおよい。

(3) 培地，滅菌済みのフラスコ（または試験管）をクリーンベンチ内に入れる。ガスバーナーの火をつけ，培地の入ったボトルの蓋を外し，ボトルの口を火炎で滅菌する。滅菌済みのフラスコのシリコンキャップを外し，フラスコの口を火炎で滅菌する。ピペットを用いて培地を分取しフラスコに入れ，フラスコの口を再び火炎滅菌してシリコンキャップをつける（分取する培地が多い場合には，直接注いでもよい）。培地の入ったボトルの口を再び火炎滅菌して蓋を閉める。（培地の入ったボトルやフラスコの蓋が開いている間は，ガスバーナーの炎の近くに置く，ガスバーナーの炎によってできる上昇気流で，バクテリアなどの混入を防ぐことができる）。

(4) 成長した培養株の入ったフラスコのシリコンキャップを外し，フラスコの口を火炎で滅菌する。ピペットで培養株入りの培養液を分取し新しい培地の入ったフラスコに接種する。その際，新しい培地入りのフラスコのシリコンキャップを外し，フラスコの口を火炎で滅菌した後，ピペットに入った培養株を接種する。加える培養株の量は1～数十ミリリットルまで用途に応じて調整する。量が多いほうが早く増えるが，その分バクテリアなども入りやすくなるため注意が必要である。両方のフラスコの口を再び火炎滅菌してシリコンキャップをつける。

(5) 新しいフラスコおよび古いフラスコをインキュベーターに入れて培養する。古いフラスコは，新しいフラスコ中で培養株が確実に増えるまで保管しておく。4～7℃の冷蔵庫など低温で保管してもよい。

(6) 最後に，ガスバーナーの火を消す。使用した器具をクリーンベンチ外に出し，洗浄（もしくは廃棄）する。クリーンベンチ内全体に70% エタノールを噴射して，清掃する。紫外線照射を15分行うと，なお良い。

7.5　培養方法

植物プランクトン（藻類）の培養は，一定温度（10〜30℃），光条件（10〜200 μmol photon m^{-2} sec^{-1}）下で，人工気象器やインキュベーター（恒温器）の中で行う。光条件は明暗サイクル（例えば12時間明条件，12時間暗条件など）をつける場合もある。培地の入れ換え方によって，バッチ培養やセミバッチ培養，ケモスタットの3つの培養方法に分けられる。

7.5.1　バッチ培養

バッチ培養（batch culture）は，最も簡単で一般的に用いられる方法である，培地に藻類細胞を植え付け増殖させる。定期的に振とうしたり，通気することもある。バッチ培養では培地の追加をしないため，藻類の増殖に伴い栄養塩が枯渇し，最終的には藻類は死滅する。密度増加に伴う被陰効果による光透過率の低下や老廃物の蓄積も，藻類の増殖を抑える。細胞密度の時間変化から増殖曲線を描くと，遅滞期（lag phase）・指数増殖期（exponential phase）・定常期（stationary phase）・減衰期（decline phase）の4つに分けられる（図7.7）。

7.5.2　セミバッチ培養

培養の途中で，一定量の培地を入れ替える方法をセミバッチ培養（semi-batch culture）という。植え継ぎから数日経過し，藻類がある程度の密度に達した後に，1〜2日に1回の頻度で半分入れ替えるのが一般的に取られる方法である。目的に応じて，入れ替える量や入れ替え頻度を決める（Shimizu and Urabe, 2008）。

7.5.3　ケモスタット

ケモスタット（chemostat）は連続培養の一種で，新しい培養液が定常的に供

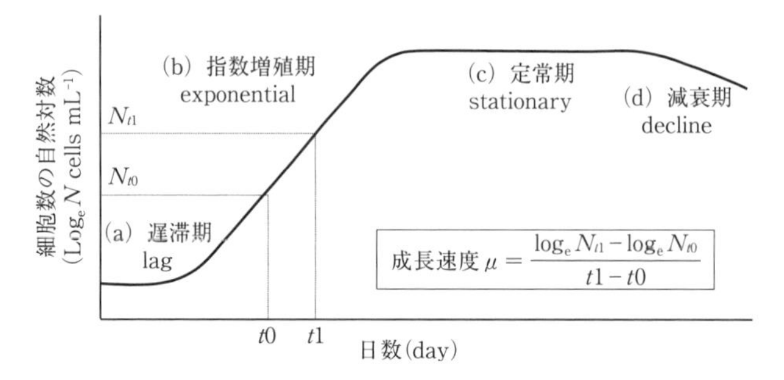

図 7.7　バッチ培養における典型的な増殖曲線

(a) 遅滞期 (lag phase)：藻類を培地に接種した直後はほとんど増殖しない。

(b) 指数増殖期 (exponential phase)：指数関数的に増殖する。細胞数を対数で取ると細胞数の変化は直線となり，その傾きが成長速度 μ となる ($\mu=\frac{\log_e N_{t1}-\log_e N_{t0}}{t1-t0}$，式 8.3 参照)。$t$ は培養日数 (day)，N_{t0} と N_{t1} はそれぞれ時間 $t0$ と $t1$ における細胞密度 (cells mL^{-1}) である。

(c) 定常期 (stationary phase)：細胞が高密度 (10^6〜10^8 cells mL^{-1}) に達すると，栄養塩の枯渇や光の透過率の低下 (被陰効果)，二酸化炭素の拡散制限により増殖が制限され，低い速度での増殖が続行する。

(d) 減衰期 (decline phase)：増殖ができなくなると細胞密度が急激に減少する。

給され，それと等量の細胞を含んだ培養液が除去されることで，培養期間中の藻類の密度を一定にすることができる (図 7.8)。希釈率，すなわち培養容積に対する培地の供給・除去量の比は，栄養供給が十分であり，かつ培養容器内の細胞がすべて流出してしまわないよう調整する。培養容器内の細胞密度が一定に達した定常状態では，藻類の成長速度は希釈率と等しくなる。例えば，1000 mL の培養液に対し 400 mL day^{-1} の流入・除去速度で希釈すれば，希釈率は 0.4 day^{-1} となる。藻類の成長速度 μ (図 7.7；式 8.3 参照) も 0.4 day^{-1} となる。希釈率を変えることで成長速度を操作できる。希釈率を下げれば，栄養の供給が減少して成長速度は低下し，新たな定常状態が成立する。細胞の除去速度も減少するため，培養容器内の細胞密度は一般的には高くなる。一方，希釈率を上げると，栄養の流入増加により成長速度は増加するが，細胞の除去速度も増加するため，細胞密度は低くなる。このようにケモスタットでは，安定的に遅い増殖などバッチ培養では難しい状態を実現できる点で優れている (Yoshida *et al.*, 2004)。

ケモスタット培養のスタイルは，容器の形状なども含め様々である。多くの

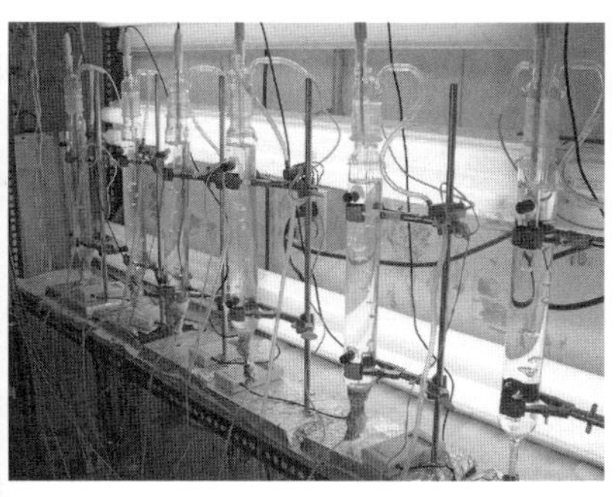

図 7.8　ケモスタット（連続培養）の様子
培養容器の下から培地を加え空気と一緒に送り込み，上から増えた藻類を含む培養液を除く(吉田丈人氏提供)。口絵 14 参照。

場合，上から新しい培地を加え，下から増えた藻類を含む培養液を除く。エアレーションにより撹拌すると，光が均等にあたり，二酸化炭素や栄養塩が藻類に取り込まれやすい。

第8章 植物プランクトンの成長制限要因

8.1 はじめに

湖沼や海洋における植物プランクトンの成長は，栄養塩類，微量元素，光など様々な環境要因に制限される。またその成長は，水温，塩分濃度といった条件に依存し変化する。植物プランクトンの成長を最も律速する制限要因（律速要因，limiting factor）を明らかにすることは，生態系において物質循環を駆動する要因の解明につながる（Sterner and Elser, 2002）。また，大量に発生した植物プランクトンの成長を抑え，水質を改善するための重要な基礎情報となる。このような重要性から，制限要因の把握を目的とした調査や実験が古くから行われてきた。

植物プランクトンの成長を制限する要因は，必要量に対し供給量が最も少ないものである。これはリービッヒの最小律（もしくは最少量の法，Leibig's law of minimum）と呼ばれる。一般的に，湖沼や海洋においてはリンや窒素など栄養塩のうちいずれかが植物プランクトンの成長を最も制限する要因である（Elser *et al.*, 2007）。特に，湖沼の富栄養化はリンの過剰負荷が原因であることを明らかにした研究は，陸水学が社会に貢献した最も偉大な成果の一つといえる（Sakamoto, 1966; Vollenweider, 1968; Schindler, 1974）。本章では，植物プランクトンの成長と栄養塩の関係を概説し（8.2節），成長制限要因に関する研究の歴史を紹介する（8.3節）。また実際の湖沼において成長制限要因を解明する方法を紹介する（8.4節）。

8.2 植物プランクトンの成長と栄養塩の関係

植物プランクトンは栄養塩を，各々の栄養塩イオンごとに特異的な細胞膜上

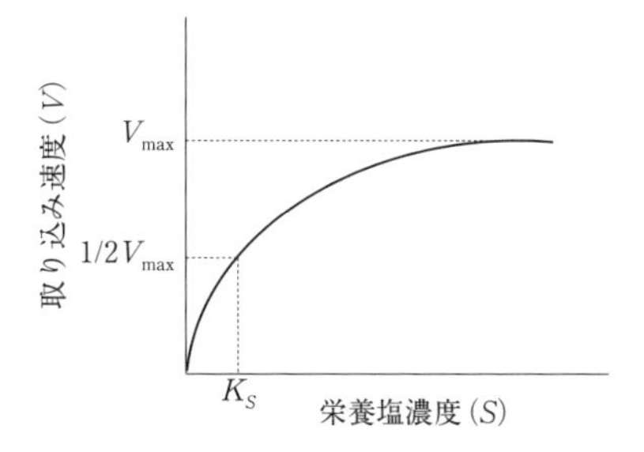

図 8.1 栄養塩濃度と取り込み速度の関係
Michaelis-Menten の式（式 8.1）で記述される。V は栄養塩の取り込み速度，V_{max} は最大取り込み速度，S は栄養塩（栄養素）濃度，K_s は半飽和定数。

の酵素系によって取り込む。そのため，栄養塩の取り込み速度は，経験的に酵素反応である Michaelis-Menten の式で記述される（図 8.1）。

$$V = V_{max}\left(\frac{S}{K_s+S}\right) \qquad \text{（式 8.1）}$$

ここで，V は栄養塩の取り込み速度，V_{max} は最大取り込み速度，S は栄養塩濃度である。K_s は最大取り込み速度 V_{max} が半分になるときの栄養塩濃度，すなわち半飽和定数である。

植物プランクトンの成長速度は栄養塩の取り込み速度に依存することから，上記の式 8.1 は栄養塩の取り込み速度（V）を成長速度（μ）におきかえることができる。これは Monod の式と呼ばれ，以下の式として表される。

$$\mu = \mu_{max}\left(\frac{S}{K_s'+S}\right) \qquad \text{（式 8.2）}$$

ここで，μ_{max} は最大成長速度，S は栄養塩（栄養素）濃度，K_s' は半飽和定数である。

半飽和定数 K_s や K_s' が小さい種類ほど，低い濃度でも栄養塩を取り込むことができる。貧栄養な水域では，制限している栄養塩に対する K_s や K_s' の小さい種が優占すると考えられる。

なお，植物プランクトンの成長速度 μ（day^{-1}）は，指数関数的に増殖すると仮定し（図 7.7 参照），以下の式にて求められる。

$$\mu = \frac{\log_e N_t - \log_e N_0}{t} \qquad \text{（式 8.3）}$$

ここで，t は培養日数（day），N_0 は培養開始時の，N_t は培養終了時の細胞密度（cells mL^{-1}）や色素量（mg chl.*a* mL^{-1}）である。

8.3 植物プランクトンの成長制限要因に関する研究の歴史

8.3.1 湖沼の富栄養化はリンが原因

湖沼の植物プランクトンの成長がリンにより制限されていること，すなわち富栄養化の原因がリンであることが明らかになったのは，湖沼間比較によるクロロフィル *a* 濃度（chl.*a*）と全リン濃度（total phosphorus, TP）との相関関係の発見に始まる（Sakamoto, 1966; Vollenweider, 1968）（図 8.2, TP-chl.*a* 関係）。植物プランクトンの生物量（クロロフィル *a* 濃度；4.2 節参照）と最も相関が強かったのが，全リンの濃度（溶存および懸濁態すべてのリン濃度；4.3 節参照）であった。当時，富栄養化は有機物そのもの，すなわち炭素の負荷によると考えられており，リンが原因という研究結果は，社会的にはほとんど受け入れられなかった。

その後，カナダの実験湖沼群における大規模な野外操作実験によって，リン

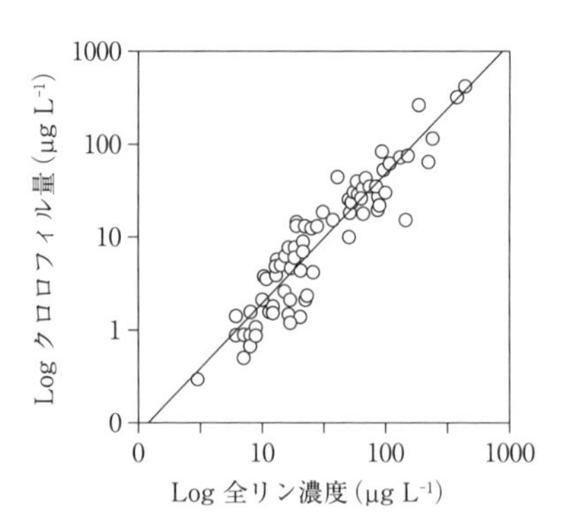

図 8.2　全リン濃度（TP）とクロロフィル *a* 濃度（chl.*a*）の関係（TP-chl.*a* 関係）
リン濃度が高い富栄養な湖ほど植物プランクトンの量が多くなる（Brönmark and Hansson, 2005 より改変）。

の過剰負荷が植物プランクトンの増加をもたらすことが確かめられた(Schindler, 1974)。操作実験では，湖を半分に仕切り，一方には窒素と炭素を，もう一方にはリンと窒素と炭素を加えた。その結果，リンを添加した処理区のみ植物プランクトンが大増殖した。これら一連の研究により，リンが富栄養化の原因であることが，社会的にも受け入れられ，無リン洗剤の開発やリンの排出規制へとつながった。

8.3.2 リンか窒素か：湖と海での植物プランクトンの成長制限要因の違い

一次生産量を規定する要因は生態系によって異なるか？　この疑問を解決するために，海洋や湖沼において，主要な一次生産者である植物プランクトンの成長制限要因を解明する培養実験（バイオアッセイ，bioassay）が行われた。様々な水域での実験結果をメタ解析すると，海洋においては窒素が，湖沼においてはリンと窒素が主要な成長制限要因であることが判明した（Elser *et al.*, 2007）。

なぜ海洋では，湖沼ほどにリンが不足しないのか。一説によると，湖沼と海洋では硫黄と鉄の存在量が異なるためと考えられている（Brönmark and Hansson, 2005）。海洋では硫黄が多く，硫化物によって鉄が取り込まれるため，リン酸分子は鉄とともに共沈することなく生物に利用されやすい形で溶存する。一方，湖沼では鉄が豊富にあるため，溶存のリンは鉄と結合し，化合物となって沈殿する。そのため湖沼ではリンが不足しやすいと考えられている。

ただし，海洋でリンや鉄が植物プランクトンの成長を制限することもある(Tsuda *et al.*, 2003)。湖沼において窒素やケイ素が不足する場合もある。腐植栄養湖や深い湖では，栄養塩よりもむしろ光が制限する（Urabe *et al.*, 1999）。このように制限要因は水域や季節，年によっても異なるため，随時バイオアッセイにより確かめる必要がある。

8.3.3 環境変動に伴う制限要因の変化：富栄養化と温暖化の相乗効果

富栄養化が進行した湖では，植物プランクトンの成長は栄養塩制限から開放されるのか。日本で最も富栄養な湖である印旛沼や，世界的な富栄養湖である中国の太湖（Lake Taihu）において，バイオアッセイにより植物プランクトン成長制限要因を調べたところ，栄養塩の流入が過剰であるにもかかわらずリンや窒素によって制限されていることが判明した（8.4.2 項参照; Paerl *et al.*, 2011; Kagami *et al.*, 2013）。さらに，リンまたは窒素が単独で制限するのではなく，リンと窒素の両方に制限されるという共制限もしばしば確認された。これら富栄養湖では毎年アオコが発生しており，水質改善が重要な課題となっている。水質を改善するためには，リンだけでなく窒素も同時に削減する必要性があることをバイオアッセイの結果は示唆している。

地球温暖化に伴い植物プランクトンの成長制限要因が変化する可能性も指摘されている。一般的に温度の上昇により植物プランクトンの成長速度は高くなるが，リン制限の度合いが強まり，生物量は上昇しない可能性がある（Frenken *et al.*, 2016）。また，温暖化により，湖の成層構造が変化することで，底層や沿岸からの栄養塩供給パターンも影響を受ける。暖冬に伴い冬期の全循環がなくなると，底層から表層への栄養塩供給が抑えられ，植物プランクトンの成長はより栄養塩によって制限されるかもしれない。

8.4　植物プランクトンの成長制限要因の解明に向けた調査・実験方法

自然界の植物プランクトンがどの栄養塩に最も成長を制限されているのかを解明するには，野外調査から栄養塩濃度と植物プランクトン量の関係を解析したり，栄養塩濃度を操作するバイオアッセイや大規模操作実験が有効である。以下に，野外調査（8.4.1 項）とバイオアッセイ（8.4.2 項）について説明する。

8.4.1　野外調査：栄養塩濃度・クロロフィル *a* 濃度から推定

先の TP-chl.*a* 関係（図 8.2）のように，植物プランクトン量（クロロフィル *a* 濃度）と存在する栄養塩濃度の関係から制限要因を推察できる。その場合には，溶存態の無機栄養塩だけでなく，懸濁態もあわせた全リン濃度や全窒素濃度を用いて解析したほうがよい。なぜならば，多くの湖沼では，制限要因となる栄養塩，とくに溶存態無機リン（dissolved inorganic phosphorus, DIP）の濃度は検出限界以下であり，十分な変動が追えないためである。また，不足する栄養塩は供給されてもすぐに植物プランクトンが取り込まれるため，残存する濃度は極めて低くなる。

逆にリン濃度が低くても植物プランクトンの細胞内には十分リンが貯蓄されていることもある。これは，植物プランクトンが不足する栄養塩を必要以上に吸収し貯蓄する過剰摂取（luxuary uptake）と呼ばれる能力をもっているためである。この特性を含め，植物プランクトンの細胞の状態から，不足する栄養塩すなわち成長制限要因を推察することもできる。栄養が十分な条件で成長している植物プランクトンは，細胞内の元素比がレッドフィールド比（C：N：P＝106：16：1（モル比））に近づくことが知られている（Goldman *et al.*, 1979; 第1章参照）。よって，植物プランクトンの細胞内（セストン）のCNP比（第4章参照）を測定することで，リンと窒素のどちらが不足しているかを知る手がかりとなる。例えばN：P比がレッドフィールド比の16（モル比）よりも高ければリン制限，低ければ窒素制限であると推察される。基準は研究によって異なり，N：P比（重量）が20よりも高ければリン制限と判断することもある（Healey and Hendzel, 1980）。

リンが不足すると，植物プランクトンの種類によっては，アルカリフォスファターゼという酵素を用いて有機態のリン酸化合物を分解しリンを獲得する。そのため，アルカリフォスファターゼの活性も，リン不足の指標として用いられる（Healey and Hendzel, 1980）。

8.4.2　バイオアッセイ

バイオアッセイ（bioassay）とは，各種栄養塩濃度を操作し，植物プランクトンの反応から，成長を最も制限する栄養塩を判定する方法である。野外の植物プランクトン群集を用いることで，細胞の状態と試水中の栄養塩濃度の両方を加味して，制限要因を直接評価できる。培養藻類（標準種）を用いて湖水の状態を検査するAGP（algal growth potential）試験とは，目的が大きく異なる（Box8.1参照）。以下に，バイオアッセイの手順を紹介する。

(1) 試水の採取，処理

試水（湖水や海水）をバンドーン採水器など（2.2節参照）で採取したのち，

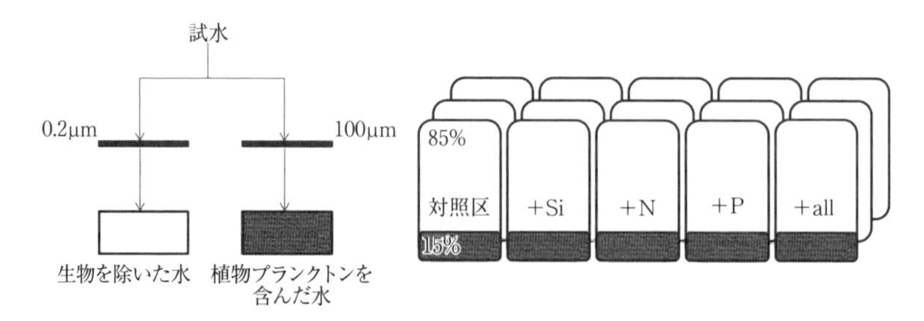

図 8.3　バイオアッセイ実験の模式図
試水から植物プランクトンを捕食する大型の動物プランクトンを 100〜200 μm の目合いのプランクトンネットで濾過し除去する。試水をボトルに入れてしまうと，培養期間中に試水の交換が行われない。栄養塩の枯渇を防ぐために生物を取り除いた濾過試水（<0.2 μm もしくは <0.7 μm）で希釈する場合もある。添加する栄養塩の種類や濃度は対象とする湖沼や海洋の状況に応じて決める。各栄養塩について繰り返しは3つ以上設ける。

植物プランクトンの状態を変化させないよう，直ちに実験を行う。ミジンコ，ケンミジンコなど大型の動物プランクトンによる被食を極力防ぐために，100〜200 μm の目合いのプランクトンネットで試水を濾過する（Kagami and Urabe, 2001; Paerl *et al.*, 2011）。試水をボトルやフラスコなどに閉じ込め培養すると，栄養塩が枯渇するおそれがある。それを極力防ぐために，生物を取り除いた濾過試水（孔径 0.2 μm のヌクレポアフィルターや目合い 0.7 μm の GF/F フィルターで濾過した試水）で希釈する方法がとられる（図 8.3）。希釈によって試水中の栄養塩濃度は変わらないが，1 細胞あたりの水量が増え栄養塩の枯渇をある程度緩和できる。希釈率は 6 倍から 30 倍まで様々であるが，培養期間や容器の容量，植物プランクトンの密度を考慮して決める。

(2) 培養条件

培養は，現場に係留する場合と，実験室にて現場の環境条件を模倣して行う場合とがある。現場にボトルを沈めて培養すれば，水温や日射量など現場の環境条件を模倣することができる。水流によりボトルが撹拌され，植物プランクトンが沈むことも抑えられる。ただし，用いるボトルの素材によって光条件が変化するため注意が必要である（5.2 節参照）。現場で行う弱点は，天候に左右される点，アクシデントによりボトルが回収できない危険性や，培養途中で試料を分取しにくい点などである。また，採水後の作業を船上や現場近くで行う必要がある点でも制約は多い。

一方で，目的が成長制限要因の解明ならば，処理区間で成長速度を比較することが重要になるため，一定の水温・光条件下で培養するだけでも十分である。その場合，植物プランクトンが沈むのを極力避けるため，毎日撹拌する。また特定のボトルに光が当たりすぎないよう，各ボトルをランダムに設置し，時々場所を入れ替える。

培養日数は1〜2日程度と短いほうがよいが，植物プランクトンの成長が遅い，もしくは密度が低いなど差を検出するのが難しい場合には5日ほど培養する。培養に用いるボトルやフラスコの大きさは，密度が低い場合には0.5〜1Lあるとよい。密度が高い場合には100mLのフラスコでもよい。

(3) 添加する栄養塩の種類，濃度

栄養塩を加えない対照区（control）と，窒素やリンなどの無機栄養塩類を添加する処理区を設ける。添加する栄養塩は，労力との兼ね合いから数種類に絞る。

窒素やリンは，$(NH_4)_2SO_4$ や KH_2PO_4 など化合物の状態で添加する。濃度は対象とする水域の濃度に対して多めに，しかし過度にならないように設定する。例えば筆者らは，印旛沼ではケイ素（$Na_2SiO_3 \cdot 9H_2O$），窒素（$(NH_4)_2SO_4$），リン（KH_2PO_4）をそれぞれ15 μmol Si L^{-1}, 20 μmolN L^{-1}, 1.5 μmolP L^{-1} とした。各栄養塩を加えたもの（Si, N, P）と，3種の栄養塩すべてを加えたもの（all），対照区（control）の5種類を各々3個ずつ，計15個を100mLの三角フラスコで培養した（図8.4；Kagami *et al.*, 2013）。

(4) 成長速度の求め方

植物プランクトンの成長速度は，培養開始前後の植物プランクトンの増加量から計算する（式8.3参照）。増加量は細胞数や炭素量を指標とする。クロロフィル濃度もしばしば指標として使われるが，色素量が増加しても，実際に細胞数が増えていないこともあるため注意が必要である。特に窒素を添加すると1細胞あたりのクロロフィル量が増加することも知られている。植物プランク

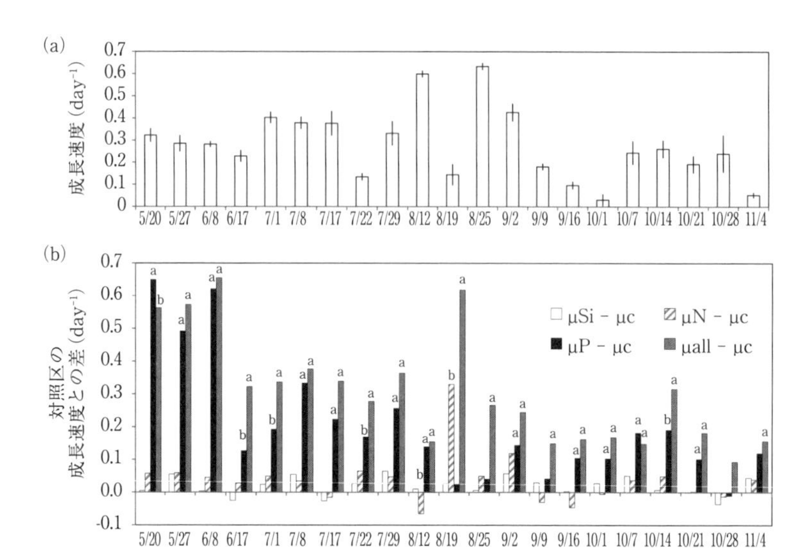

図 8.4　印旛沼におけるバイオアッセイの結果（Kagami *et al.*, 2013 を改変）

バイオアッセイは 2009 年 5 月から 11 月の間，毎週行った。(a) 対照区（control）での成長速度の変動。成長の変動は現場のリン，窒素，ケイ素および水温によって説明された（表 8.1）。(b) 栄養塩添加区と対照区の成長速度の差。白はケイ素（Si），斜線は窒素（N），黒はリン（P），灰色はすべての栄養塩（all）を添加したもの。すべての日において，栄養塩 3 種を加えた処理区（all）で最も成長速度が高く，印旛沼では植物プランクトンはつねに栄養塩に制限されていることが判明した（図中の異なるアルファベット（ab）間では有意な差があったことを意味する）。リンを加えた処理区（P）で all と同様に成長速度が高かったことから，印旛沼の植物プランクトンの成長はリンによって最も制限されていたといえる。8 月 19 日のみ窒素を添加した処理区（N）で成長速度が高くなった。窒素濃度の減少に加え，直前に発生した台風による栄養塩流入に伴うリンの供給によって引き起こされたと推察される。また，all が P に比べて高いこと（例えば 6/17, 7/1）もしばしば見られ，リンと窒素の共制限も確認された。

トンの種類ごとの細胞数を計数すれば，種によって成長制限要因が異なるかを推察できる（Kagami and Urabe, 2001）。

(5) 解析

処理区による成長速度の違いは，分散分析と多重比較により解析する。成長速度が対照区よりも有意に高い処理区があれば，そこで加えた栄養塩が制限要因であるといえる。

バイオアッセイを定期的に行った場合，対照区の成長速度の変動と現場の環

表 8.1 印旛沼において行ったバイオアッセイの結果
対照区の成長速度 μ（応答変数）を最も説明するベストモデルを補正赤池情報量規準（AICc）に基づき，選択した。すべての変数，すなわち窒素 DIN，リン DIP，ケイ酸 SRSi および水温（temperature）が入ったモデル（full model: model rank 2）が植物プランクトン群集の成長速度の変動を最もよく説明した（Kagami *et al.*, 2013 を改変）。

model rank	説明変数 explanatory variable	K	AICc	r^2
1	DIN＋SRSi＋temperature	5	−100.48	0.627
2	DIN＋DIP＋SRSi＋temperature	6	−99.07	0.627
3	DIP＋SRSi＋temperature	5	−95.65	
4	SRSi＋temperature	4	−91.92	
5	DIN＋DIP＋temperature	5	−80.98	
null model		1	−45.21	

境要因（水温，各種栄養塩濃度）の変動との関係を一般化線形モデルや一般化線形混合モデルによって解析することで，制限要因を推察できる（表 8.1，図 8.4a；Kagami *et al.*, 2013）。

成長速度と細胞サイズの関係を調べてみるのも面白い。例えば，琵琶湖で行ったバイオアッセイの結果から植物プランクトンの各種の最大成長速度と細胞サイズの関係を解析し，細胞が大きいほど成長速度が遅くなる綺麗なアロメトリーの関係が得られた（図 8.5；Kagami and Urabe, 2001）。その傾きは −0.15 と −0.13 と培養実験で求められた傾き（−0.15；Tang, 1995）とほぼ同様であった。この結果から，琵琶湖のようなリンが不足する湖においても，植物プランクトン各種は細胞サイズに応じた最大の成長速度を時として実現していることがわかる。

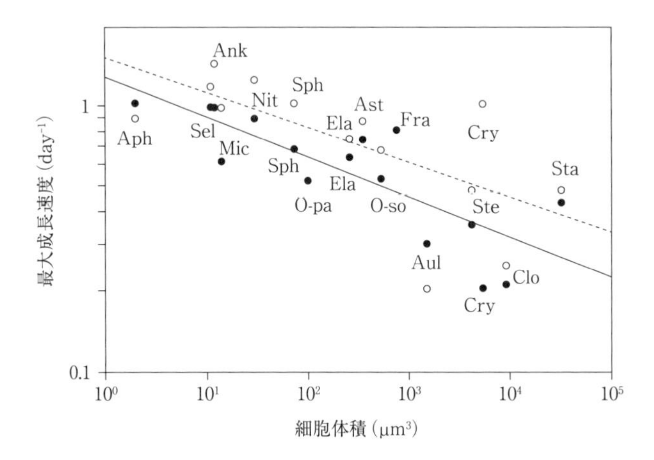

図8.5　琵琶湖における植物プランクトンの最大成長速度と細胞サイズの関係（Kagami and Urabe, 2001を改変）

毎月行ったバイオアッセイの結果をもとに，各種の最大成長速度を細胞サイズに対してプロットしてみると，栄養塩を添加しない系（黒丸，実線）および添加した系（白丸，点線）ともに有意な負の相関関係が得られた。アルファベットは各植物プランクトンの種名に相当する（左から Aph: *Aphanothece*, Ank: *Ankistrodesmus*, Sel: *Selenastrum*, Mic: *Microcystis*, Nit: *Nitzschia*, Sph: *Sphaerocystis*, O-pa: *Oocystis parva*, Ela: *Elakatothrix*, Ast: *Asterionella*, O-so: *Oocystis solitaria*, Fra: *Fragilaria*, Aul: *Aulacoseira*, Cry: *Cryptomonas*, Ste: *Stephanodiscus*, Clo: *Closterium*, Ste: *Stephanodiscus*）

Box 8.1

AGP試験とバイオアッセイの違い

湖の植物プランクトンの成長制限要因を明らかにするうえで，バイオアッセイ（8.4.2項参照）の結果を発表すると，「なぜAGP試験を行わなかったのか？」という質問を受けることがある。AGP（algal growth potential）試験は，藻類生産力試験や藻類生産潜在能力試験とも呼ばれ（渡邉, 2012），対象水域の富栄養化の程度や下水処理水などの水質評価など工学の分野でよく用いられる。この試験では，培養している藻類，とくに標準種とされる種類を試水に接種し，藻類が十分に成長するか（足りない栄養塩がないか）を調べる。いわば標準種をリトマス試験紙のように用いた湖水の検査法といえる。標準種には，緑藻類の *Pseudokirchneriella subcapitata*（*Selenastrum capricornutum* より改名）が最も一般的に用いられている。また赤潮原因生物である渦鞭毛藻類を用いて，赤潮発生予測にも用いられる。

AGP試験では，一定条件下で培養した標準種を用いるため，植物プランクトンの状態に左右されずに試水の状態を判定でき，化学物質など測定が困難な物質の毒性評価には有効である。しかし，現場での植物プランクトンの細胞状態が反映されないため，真に不足する栄養塩を評価できているとはいえない。例えば湖水中の溶存態リン濃度が著しく低かったとしても，直前に供給されたリンを植物プランクトンが貯蔵（過剰摂取）したならば，細胞自体はリンに制限されていない（すなわち，リンは制限要因ではない）。一部の藍藻は空中窒素を固定できるため，湖水中に窒素が少なくても，細胞自体は窒素が不足しておらずむしろリンが足りない可能性もある（すなわち，窒素ではなくリンが制限要因）。このように，標準種を用いたAGP試験では，生物の生息環境として水質のポテンシャルを調べることを目的としており，野外の植物プランクトンの成長制限要因の評価には向いていない。

一方，バイオアッセイでは野外の生物の成長制限要因の把握を目的としている。ただし，成長制限要因が季節や地点によって異なった場合に，その違いが栄養塩供給の違いによるのか，優占種の特性の違いなのか，区別は難しい。

第9章 植物プランクトンと動物プランクトンの捕食-被食関係

9.1 はじめに

植物プランクトンは，ミジンコやケンミジンコなど大型の甲殻類動物プランクトンや，ワムシや繊毛虫など小型の動物プランクトンに捕食される。植物プランクトンが動物プランクトンにどれだけ捕食されるかを評価することは，水圏の一次生産者から消費者への生態転換効率（ecological transfer efficiency）を把握するうえで重要である（1.2.2 項参照；Lindeman, 1942）。思いもよらない生物間相互作用の発見につながることもある。

植物プランクトンは種によって細胞の形状が異なるため，動物プランクトンによる食べられやすさ（被食圧）に違いが生じる。また，動物プランクトンは種によって，摂食様式や好みの餌，濾過水量が異なり，その結果植物プランクトンへの摂食圧も異なってくる（表 9.1）。湖沼の代表的な動物プランクトンであるミジンコ（*Daphnia*）は，水から餌を濾しとるように摂食するいわゆる濾過食者である。摂食可能な餌サイズは，甲殻前方の殻の間隙（ギャップ）の幅と口の大きさで決まるため，50 μm を超える大型の藻類はミジンコに捕食されにくい（図 9.1）。ケンミジンコは濾過だけでなくついばむように餌を食べること

表 9.1 代表的な動物プランクトンの選好する餌のサイズ（餌の粒径）と 1 個体 1 日あたりの濾過水量

Reynolds（1984）を改変。

種類（属名）	摂食可能な餌サイズ（μm）	濾過水量（mL day^{-1}）
ワムシ（*Keratella*）	0.5–18	0.02–0.2
ヒゲナガケンミジンコ（*Eudiaptomus*）	1–16	0.5–10.7
ゾウミジンコ（*Bosmina*）	0.5–35	$<$3.0
ミジンコ小型（*Daphnia*, $<$1 mm）	$<$25	1.0–7.6
ミジンコ大型（*Daphnia*, $>$1.5 mm）	$<$47	10–60

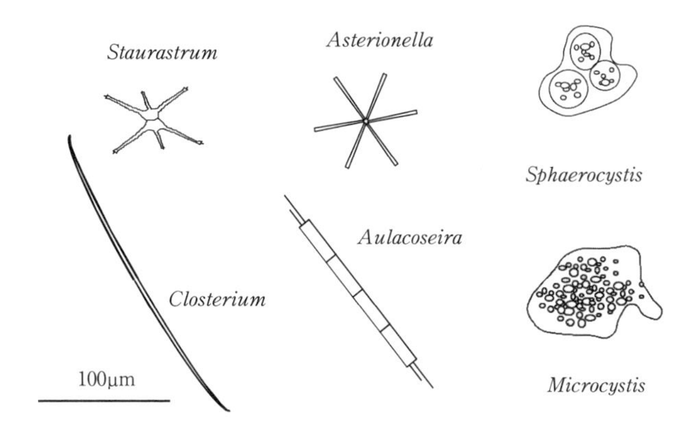

図 9.1 動物プランクトンに捕食されにくい植物プランクトン
細胞が大きな種類（*Staurastrum, Closterium* など）や，大きな群体（コロニー）を形成する種類（*Asterionella, Aulacoseira* など）は動物プランクトンに捕食されにくい。細胞の周りに粘質鞘をもつ種類（*Sphaerocystis, Microcystis* など）は，捕食されたとしても生きたまま消化管を通過できる（viable gut passage）。さらに消化管を通過する間に栄養塩を吸収し，成長が促進される場合もある。

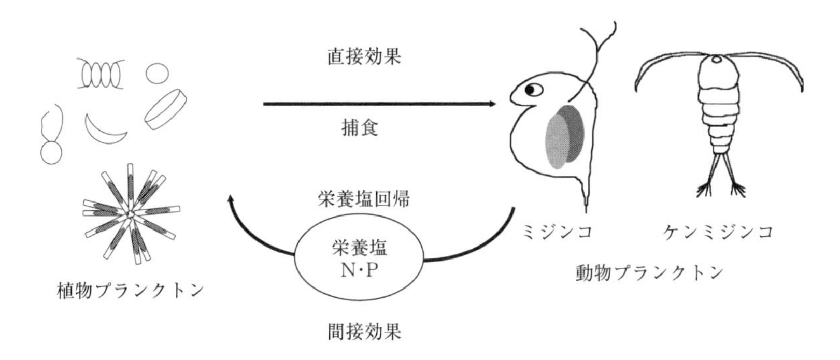

図 9.2 植物プランクトンに対する動物プランクトンの直接・間接効果
植物プランクトンは動物プランクトンから捕食による直接的な負の影響を受けるだけでなく，栄養塩の回帰を通じて間接的に成長が促進される正の影響も受ける。

ができるため，大型の珪藻は，群体（コロニー）や細胞の一部が捕食されることもある。

植物プランクトンが動物プランクトンから受けるのは，捕食による負の影響ばかりではない。植物プランクトンの成長が，動物プランクトンに促進されることもある（図 9.2）。動物プランクトンが老廃物を水中に排泄する際，栄養塩も放出される。この水中に回帰された栄養塩が植物プランクトンの成長を促進しうる（Sterner, 1989）。このような栄養塩を介した間接効果と，捕食による直接効果のバランスによって，植物プランクトンが動物プランクトンから受ける相対的な影響が正となるか負となるかが決まる。例えば，小型の植物プランクトンはミジンコに捕食されやすく，負の影響を受ける。一方，大型の植物プランクトンは捕食されにくいことに加え，動物プランクトンによって回帰された栄養塩を得られ正の影響を受ける。結果として，動物プランクトンの存在下では，小型種は減少し，大型種は増加する。

植物プランクトンの中には，動物プランクトンの消化管の中で積極的に栄養塩を吸収する種類もいる（Porter, 1977）。緑藻類の *Sphaerocystis* や *Oocystis*, 藍藻類の *Microcystis* などは細胞の周りにゼラチン質（粘質鞘）をもつ（図9.1）。これらの種は大きすぎてミジンコに食べられないが，一部の小さいコロニーは食べられる。コロニーがミジンコに食べられると，消化管を通過している間に，コロニーを覆うゼラチン質は消化されるものの，細胞は消化されない。むしろゼラチン質が薄くなることで細胞は栄養を取り込みやすくなり，消化管を通り抜けて再び水中へと放出されると，活発に増殖できる。これは陸上植物の果実が鳥に食べられると利益を得られる現象と似ている。すなわち果肉は消化されるものの種自体は生き残り，遠くに運んでもらえ，かつ栄養（糞）とともに排泄され，散布された場所で成長できる。この植物プランクトンが動物プランクトンの消化管を生きたまま通過する現象は viable gut passage と呼ばれ，湖においてミジンコが多い夏にゼラチン質をもつ緑藻や藍藻が増える原因と考えられている（Porter, 1977; Sterner, 1989; Kagami *et al*., 2002）。

本章では，まず植物プランクトンが動物プランクトンの捕食から受ける影響（被食圧）を評価する被食実験（直接計数法）について紹介する。次に，捕食によって受ける負の影響と栄養塩回帰によって成長が促進される正の影響を同時に評価する実験（密度勾配実験）を紹介する。

9.2 動物プランクトンを捕食者とする植物プランクトンの被食実験

被食実験はプランクトンの種類によって，適したデザインが異なる。植物プランクトンは培養株か野外群集か，動物プランクトンは大型の甲殻類動物プランクトン（>200 μm，ミジンコやケンミジンコなど）か小型のワムシや繊毛虫（<200 μm）かに応じて，実験デザインを決める（図 9.3）。また，評価したい影響が捕食のみの場合，直接計数法（9.2.1 項）がシンプルで良いが，栄養塩回帰の効果も含める場合には密度勾配実験（9.2.2 項）のほうが適している。

9.2.1 直接計数法

最も単純な実験は，1 種の植物プランクトンを餌として，動物プランクトン（捕食者）とともに培養し，一定時間後の餌減少量から被食量を測定するものである。ただし，培養している間に植物プランクトンが増えるならば，単純にその減少量だけでは被食量が過小評価されてしまう。そこで，動物プランクトンを加えない処理区（対照区）を設け，動物プランクトンを加えた処理区との植物プランクトン量の差から，被食量を求める（図 9.4）。以下に，培養株を用いる場合の実験方法を示す。

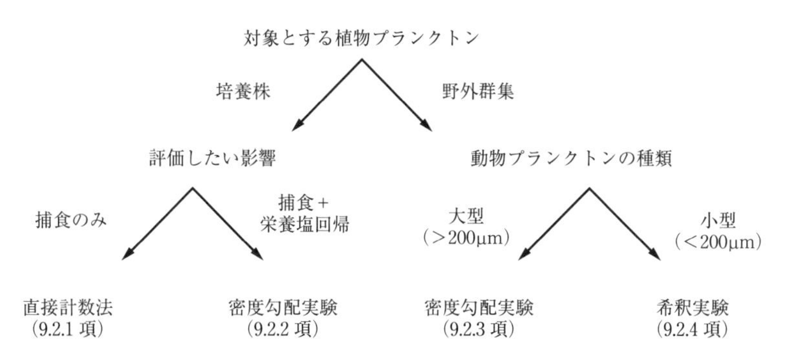

図 9.3 被食実験に関するフローチャート
対象とする植物プランクトンが培養株か野外群集か，動物プランクトンが大型か，小型か，などによって適した実験デザインが異なる。

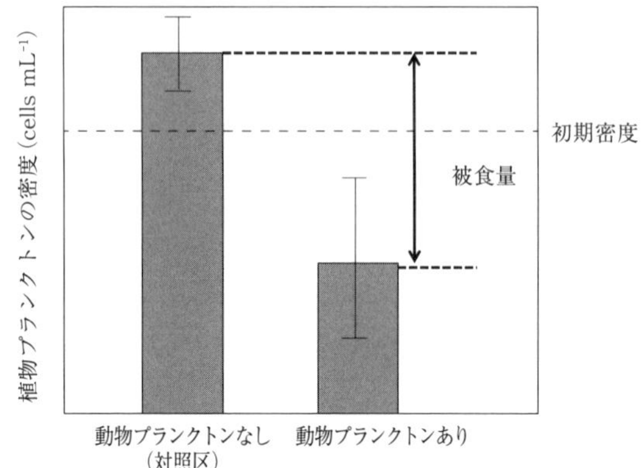

図 9.4 動物プランクトンによる被食量を求める実験(直接計数法)の結果模式図
動物プランクトンを添加した区と添加しなかった区(対照区)との植物プランクトン密度の差が被食量に相当する。対照区において，植物プランクトン密度が初期密度(細点線)よりも高くなったならば，実験中に植物プランクトンが増加したことを意味している。動物プランクトンを添加する処理区では，ばらつき(標準偏差：細線)が大きくなることが多く，添加する動物プランクトンの個体サイズと数を同じにするとよい。

(1) 実験のセットアップ

餌となる植物プランクトンの密度は，濃すぎたり薄すぎたりしないように設定する。捕食者1個体あたりの摂食速度は餌密度に伴い増えるが，ある密度(閾値)を超えると頭打ちとなる(図 9.5)。この関係は機能的反応(functional response)と呼ばれる。ミジンコのような濾過食者は，餌密度の増加に対する摂食速度の増加が直線的でタイプI型をとる(Lampert, 1994)。摂食速度が頭打ちとなる餌密度はILC(incipient limiting concentration)と呼ばれ，ミジンコで0.2〜0.5 mg C L^{-1} 位である。餌密度がILC以上では，ミジンコが摂食しても餌密度に顕著な減少が見られない。そのため，植物プランクトンの被食速度を測定する場合には，植物プランクトンの生物量がILC以下になるよう設定する。ILC(0.2 mg C L^{-1})が何細胞に相当するかは，餌に用いる植物プランクトンの種類によって異なる。例えばイカダモの1細胞あたりの炭素量を20 pgと仮定すると，1 mLあたりの密度は10,000細胞以下に抑える。筆者は餌密度を小型の種であれば10,000 mL^{-1} に，大型の種であれば5,000 cells mL^{-1} 程度に調整し，摂食実験を行うことが多い(Kagami *et al*., 2004, 2017)。

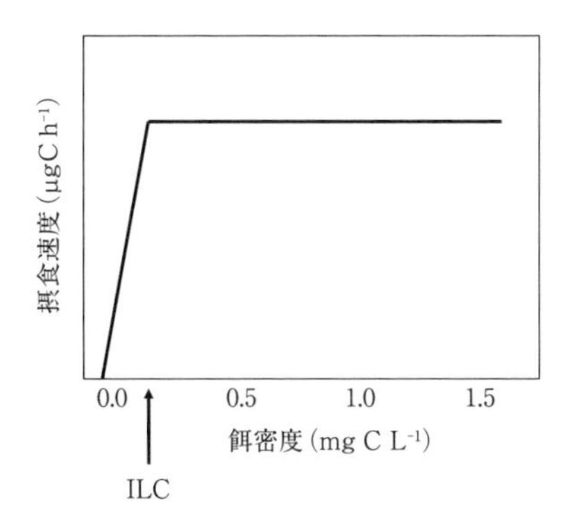

図 9.5 ミジンコ (*Daphnia pulicaria*) の機能的反応 (I 型)
ミジンコのような濾過食者は，摂食速度はある餌密度（閾値）になると最大値に達する。この餌密度は ILC（incipient limiting concentration）と呼ばれる（矢印）。ミジンコで 0.2〜0.3 mg C L^{-1}位である。Lampert（1994），Reynolds（1984）を改変。

添加する動物プランクトンの密度は，短時間でも摂食量に差が出るよう充分に，しかし極端に多くて酸欠にならないように設定する。中栄養湖のミジンコの密度（乾燥重量）が 100 μgDW L^{-1} 程度，ミジンコ 1 個体の乾燥重量が 10 μgDW とすると，1 L に 10 個体（100 mL にミジンコ 1 個体）が妥当な密度である（Kagami *et al*., 2002）。また，同一処理区内でのばらつき（標準偏差）を極力抑えるため，添加する動物プランクトンの体サイズ組成と個体数を同じにするとよい。筆者は，室内で被食実験を行う場合には，同日に産まれたミジンコを用いることで体サイズを統一し，3〜10 個体のミジンコを小型の容器やフラスコ（50〜100 mL）に添加する。この場合，ミジンコの生物量（乾燥重量）は 300〜6000 μgDW L^{-1} と野外よりも数十倍程度高い密度条件で行っていることになる。2 つの処理区間の差を統計的に検証するため，各処理区の繰り返しは 3 つ以上設ける。

実験用の動物プランクトンは，実験の半日から 2 時間ほど前に，実験に用いる餌の入った水もしくは培養液に移し順化させるとよい。もしくは，動物プランクトンを餌の入っていない湖水もしくは培養液に入れて 1〜2 時間絶食させ，消化管の中を空にする。絶食を行わないと，摂食実験中に糞として排泄される植物プランクトン細胞により，動物プランクトンを入れた処理区でむしろ植物プランクトンの密度が増加してしまうこともある。

(2) 培養条件

温度は対象とする動物プランクトンに合わせ設定する（筆者は日本の初夏から初秋の平均的な湖沼の水温である 18～20℃ で実験することが多い）。光条件は植物プランクトンが増えないように暗条件としてもよいが，摂食活動が暗条件で止まる可能性があれば，微弱な光（例えば～10 μmol photon m^{-2} sec^{-1}）を当てる。捕食者の密度が十分に高ければ，数時間（4～6 時間）の培養でも被食量は求まる。

動物プランクトンの種によっては，容器の底に沈んでいる餌は食べにくい。培養中に餌が沈まないよう，適度に撹拌するとよい。ただし，撹拌自体が動物プランクトンの摂食活動に影響を与えないよう注意する。筆者は，蓋付きの培養ボトルを用いて，ローテータでゆっくり（1 rmp）回転させ，餌となる植物プランクトンを懸濁させている。

(3) 試料の固定・計数・解析

被食量は，動物プランクトンあり（実験区）となし（対照区）の植物プランクトン密度の差から求められる（図 9.4）。細胞密度（cells mL^{-1} day^{-1}）や生物量（μg chl.*a* mL^{-1} day^{-1}）の時間あたりの減少量が被食量に相当する。

計数用の試料は，実験開始時と終了時に一定量を分取し，ルゴール液（2.3 節参照）で固定する。計数ではなくクロロフィル *a* 量（4.2.3 項参照）や炭素量（4.3.1 項参照），濁度（4.4 節参照）で代用することもできる。

培養時間中の植物プランクトン密度の変化から純成長速度（植物プランクトン密度の変化速度）を求めると，被食速度を計算できる。植物プランクトンの純成長速度（r day^{-1}）は，指数関数的増殖を仮定し，以下の式にて計算する（式 8.3 参照）。

$$r = \frac{\log_e N_t - \log_e N_0}{t} \qquad \text{（式 9.1）}$$

ここで，t は培養時間（hour），N_0 は実験開始時の初期細胞密度（cells mL^{-1}）や生物量（μg chl.*a* mL^{-1}），N_t は実験終了時の密度である。この純成長速度の処理区間の差が動物プランクトンによる植物プランクトンの被食速度 F（h^{-1}）となり，以下の式で求められる。

$$F = \frac{r_c - r_z}{t} \quad (式 9.2)$$

ここで r_z と r_c は実験区と対照区での純成長速度 (h^{-1}) である。

被食量や被食速度は，動物プランクトン生物量あたりの値としても求めることができる。先述の被食量や被食速度 F を動物プランクトンの生物量で割ることで求められる。動物プランクトンの生物量は，実験終了時に回収した動物プランクトンから，乾燥重量（μgDW）として測定する。各ボトルごとに動物プランクトンを濾紙に捕集した後，乾燥し重量（dry weight）を測定する。乾燥重量を測れるほどの個体数がない場合には，体長を顕微鏡下で測定し，乾燥重量に換算する（Bottrell *et al.*, 1976)。例えば，ミジンコ1個体あたりの乾燥重量（μgDW）は体長（mm）に対し，以下の計算式で求められる。

$$\log_e W = \log_e a + b \log_e L \quad (式 9.3)$$

もしくは

$$W = a \times L^b \quad (式 9.4)$$

ここで W は乾燥重量（μgDW），L は体長（mm）である。a と b の係数は，ミジンコの種類や餌条件によって変わるため，用いた種類や餌条件に応じて変更する（表 9.2；Bottrell *et al.*, 1976; Kawabata and Urabe, 1998)。

ミジンコの体長測定は，実験に用いた個体のサイズが同一であれば，代表の

表 9.2 代表的な甲殻類動物プランクトンの体長-体重換算式の係数

Bottrell *et al.*（1976）と Kawabata and Urabe（1998）を改変。式 $\log_e W = \log_e a + b \log_e L$ もしくは $W = e^a \times L^b$。ここで W は乾燥重量（μg），L は体長（mm）

種名	体長のレンジ (mm)	$\log_e a$	b	a
ゾウミジンコ（*Bosmina longispina*）	0.5–1.0	2.73	2.06	15.33
カブトミジンコ（*Daphnia galeata*）	0.6–2.2	2.64	2.54	14.01
ミジンコ（*Daphnia pulex*）	0.5–1.6	2.48	2.63	11.94
オオミジンコ（*Daphnia magna*）	0.8–4.8	2.2	2.63	9.03
カブトミジンコ（*Daphnia galeata*）				
餌濃度（低）	0.54–1.45	1.99	2.7	7.32
餌濃度（中）	0.49–1.45	2.29	2.71	9.87
餌濃度（高）	0.47–1.55	2.67	2.73	15.33

数個体のみ行い，他は生死を確認するだけでもよい。特に，ミジンコは1回の出産で1個体の親が5〜20個体の子供を産む。同じ母親から同日に産まれた子供のサイズはほぼ均一である。出産日を複数の親個体で同期させれば，同一サイズの子供を多数得られ実験に用いることができる。

動物プランクトンの生物量あたりの被食速度（cells μgDW^{-1} h^{-1}）を用いて，動物プランクトンの単位生物量あたりの濾水速度（weight-specific clearance rate; mL μgDW^{-1} h^{-1}）を求めることもできる。実験期間中の平均餌密度（cells mL^{-1}）と被食速度（cells μgDW^{-1} h^{-1}）から，以下の式で計算できる。

$$\text{濾水速度} = \frac{\text{被食速度}}{\text{実験期間中の平均餌密度}} \qquad \text{（式 9.5）}$$

ここで求めた濾水速度が，ミジンコで平均的な値（1日あたり0.35 mL μgDW^{-1} day^{-1}; Peters, 1984）から1〜2ケタ異なる場合には，餌が高密度すぎて濾過障害が起きている，用いた餌が選択的に食べられていない，あるいは用いた実験個体が弱っているなどの可能性がある。なお，ミジンコ1個体が1日に濾過できる水量は1 mL day^{-1}から最大60 mL day^{-1}，体長1.5 mmくらいのミジンコならば10〜30 mL day^{-1}である（表9.1）。

9.2.2　密度勾配実験

密度勾配実験（gradient experiment）では，捕食者である動物プランクトンの生物量に勾配をつけ，植物プランクトン減少量との関係から被食量や速度を求める（Kagami *et al.*, 2002；図9.6）。動物プランクトンの生物量に対する植物プランクトンの反応（特に成長）は必ずしも直線的ではない（図9.7）。密度勾配実験では，直接計数法（9.2.1項）で見えてこなかった関係が評価できる。また，直接計数法では実験区のボトル間で動物プランクトンの生物量を同一にする必要があるが，密度勾配実験では，動物プランクトン生物量に勾配をつけることが重要であり，野外の群集でも実験を行いやすい。直接計数法（9.2.1項）と実験準備の手間や用いるボトルの数はほとんど変わらないにもかかわらず，得られる情報量が多いことから，筆者は密度勾配実験を積極的に用いている。以下に，培養株を用いた密度勾配実験のやり方を示す。

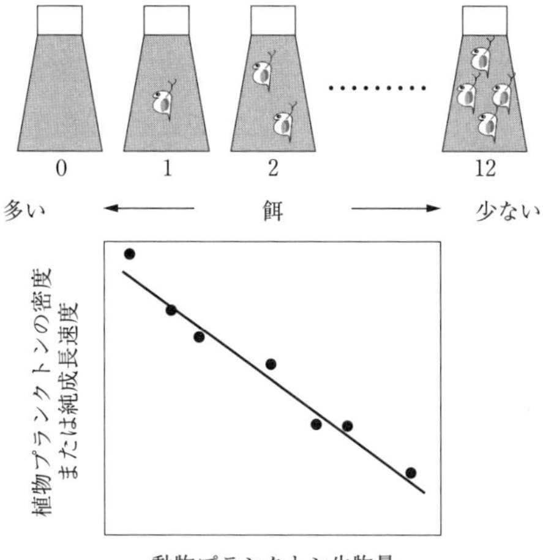

図 9.6　密度勾配実験の模式図
植物プランクトンを一定量入れたフラスコに，捕食者である動物プランクトンを異なる密度で添加する。動物プランクトンが捕食している場合，対象の植物プランクトンの密度（または純成長速度）は動物プランクトンが多くなるほど少なく（小さく）なる。動物プランクトンの生物量と植物プランクトンの密度（または純成長速度）に有意な負の相関関係が得られた場合，その傾きが摂食速度になる。

(1) 実験のセットアップ

植物プランクトンの密度は基本的には直接計数法（9.2.1 項）と同様に設定する。動物プランクトンの生物量は勾配をもたせることが重要であり，野外の密度を間に挟むように，0.5～10 倍程度の範囲に設定する。ミジンコを用いる場合は，野外の生物量 100 μgDW L^{-1} を目安として，0～5,000 μgDW L^{-1} 程度になるように設定する。筆者が行った実験では，小型の容器（20 mL）やフラスコ（50 mL）を用いて，0～12 個体のミジンコを 6～10 段階に勾配を設けて添加した（0～10,000 μgDW L^{-1}）（Kagami *et al*., 2004, 2017）。

(2) 培養条件

光や温度などの培養条件は，基本的には直接計数法（9.2.1 項）と同様に設定する。捕食の影響のみ調べるのであれば，数時間（4～6 時間）の培養で十分である。動物プランクトンによる栄養塩回帰の効果を調べるのであれば，植物プ

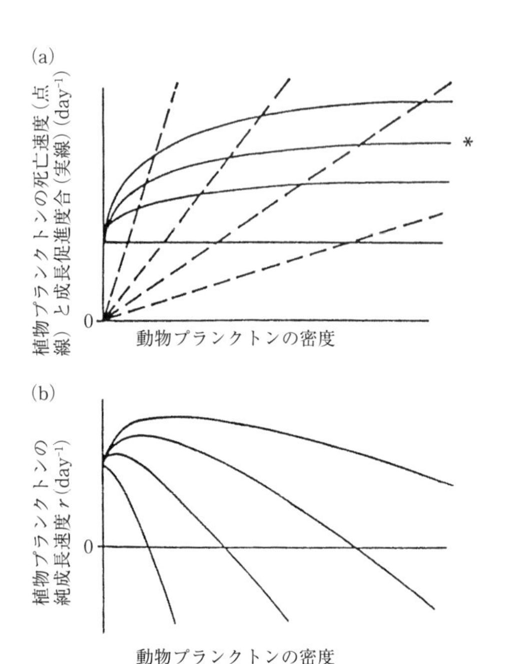

図9.7　動物プランクトンの密度に対する植物プランクトンの反応（Sterner, 1989）

(a) 植物プランクトンの死亡速度（点線）は動物プランクトンの密度の増加に伴い増加する。その傾きは植物プランクトンの種や動物プランクトンの濾過速度によって異なる。栄養塩回帰によって成長が促進される度合い（実線）は密度増加に伴い飽和していくが，反応は植物プランクトンの種によって異なる。その結果，(b) 動物プランクトン密度増加に対する植物プランクトンの純成長速度（r）は，直線的ではなく，いったん増加し，その後減少する一山型となる。なお，(b) の反応は (a) の3つの成長曲線（実線）のうち*印の値と，4つの異なる死亡速度（点線）の差から計算したものである。

ランクトンが十分成長できるよう，数日は培養する。ただし，動物プランクトンが再生産しない（子供を産まない）よう，また密閉状態の影響を少なくするよう，5日以内に抑える。

捕食による負の影響と，栄養塩回帰による成長促進の影響を調べるためには，栄養塩を添加する処理区（栄養塩添加区）と添加しない処理区（非添加区）を設ける。栄養塩添加区では，栄養塩が十分あるため動物プランクトンにより回帰された栄養塩は植物プランクトンの成長に影響せず捕食の影響のみを評価できる。一方，栄養塩を添加しない非添加区では捕食と栄養塩回帰の両方の影響があらわれる。

動物プランクトンにより回帰される栄養塩は主に窒素とリンである。そこで，栄養塩添加区には窒素とリンを高濃度になりすぎないよう加える。例えば，琵琶湖の実験では窒素を（$(NH_4)_2SO_4$ として）15 μM，リンを（KH_2PO_4 として）1.5 μM 加えた（Kagami *et al.*, 2002）。

(3) 試料の固定・計数・解析

試料の固定や計数は基本的には直接計数法（9.2.1 項）と同様であるが，解析方法が異なる。

培養終了時の植物プランクトン密度もしくはその純成長速度（r）（式 9.1）と，動物プランクトンの生物量の関係から，動物プランクトンによる食われやすさを評価する（図 9.8）。ある植物プランクトン種の純成長速度と動物プランクトン生物量との間に，有意な負の相関関係が得らた場合には，その種は捕食されているといえる。ただし，相関関係が必ずしも直線ではない場合もあることに注意が必要である（図 9.7；Sterner, 1989）。両者の関係が有意ではない，もしくは傾きがゆるければ，その種はほとんど捕食されていないといえる（図 9.8）。

栄養塩回帰による成長促進の効果を検証するには，栄養塩添加区と非添加区を比較する（図 9.8）。ある植物プランクトン種の純成長速度と動物プランクトン量との相関関係が，処理区間で異なれば，その種は栄養塩回帰の影響を受けている可能性がある。例えば，栄養塩添加区では有意な相関関係が得られないのに対し，非添加区では正の相関関係が得られた場合は（図 9.8d），その植物プランクトン種は動物プランクトンによって成長が促進されており，それは栄養塩回帰（もしくは viable gut passage）によると推察できる。栄養塩添加区と非添加区との間で，相関関係の傾きが異なった場合（図 9.8b）も同様である。すなわち，栄養塩添加区に比べて非添加区での傾きがゆるければ，非添加区では捕食量が増加しても栄養塩回帰により成長が促進されていることになる。栄養塩添加区と非添加区ともに有意な相関関係が得られなかった場合は（図 9.8c），捕食されておらず，栄養塩回帰の効果も見られなかったことになる。栄養塩添加区と非添加区ともに有意な相関関係があり，傾きに差が認められなかった場合は（図 9.8a），捕食されているが，栄養塩回帰の効果は低かったといえ

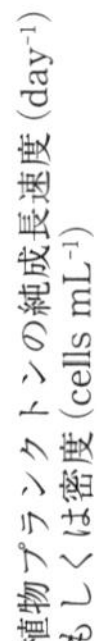

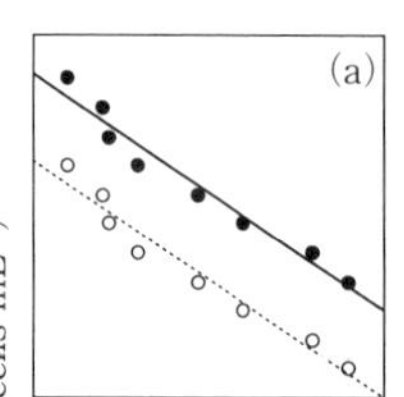

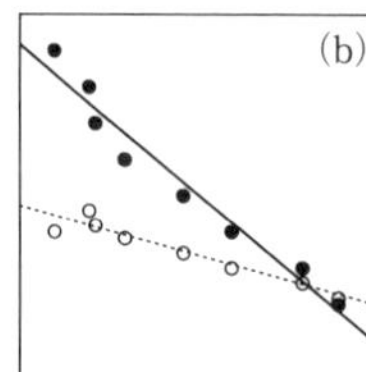

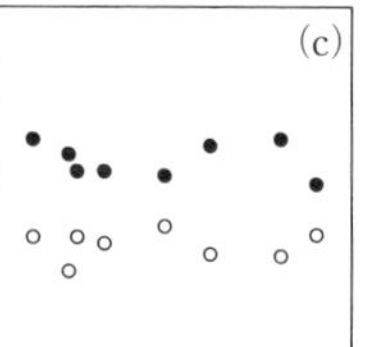

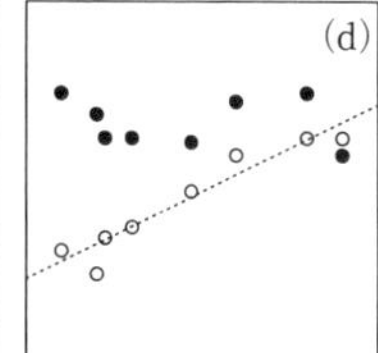

図 9.8　密度勾配実験の結果模式図

X 軸に動物プランクトンの生物量（乾燥重量），Y 軸に純成長速度（r）もしくは実験終了時の植物プランクトン密度をとった散布図。両者の間に有意な相関関係があるかを解析するとともに，栄養塩を添加した処理区（栄養塩添加区，黒丸）と添加しなかった処理区（非添加区，白丸）とで結果を比較する。栄養塩添加区では捕食の影響のみを，非添加区では栄養塩回帰による成長促進と捕食の影響の両方が表れている。(a) 栄養塩添加区と非添加区ともに有意な負の相関関係が得られたが，系列間で傾きに差が認められなかった場合。この植物プランクトン種は動物プランクトンに捕食されるが，栄養塩回帰による成長促進の効果は見られなかったと解釈できる。(b) 栄養塩添加区と非添加区ともに有意な負の相関関係が得られたが系列間で傾きが異なった場合，捕食と栄養塩回帰の両方の効果が見られたといえる。栄養塩添加区では捕食により細胞数が顕著に減少するが，非添加区では捕食により細胞数が減少すると同時に，栄養塩回帰により成長が促進されて細胞数が増加するため，見かけ上の細胞数の減少は抑えられる。その結果，傾きが小さくなる。(c) 栄養塩添加区と非添加区ともに，相関関係が得られなかった場合，この植物プランクトン種は動物プランクトンには食べられず，栄養塩によって成長は制限されているが栄養塩回帰の効果も受けていない，と解釈できる。(d) 栄養塩添加区では有意な相関関係が得られないのに対し，非添加区では正の相関関係が得られた場合，捕食されないが，栄養塩回帰もしくは viable gut passage によって成長が促進されていたことになる。

る。

栄養塩添加区における植物プランクトンの密度と動物プランクトンの相関関係の傾きは，単位生物量あたりの動物プランクトンの摂食速度（cells μgDW^{-1} day^{-1}）である。したがって，傾きの大小で植物プランクトン種間での食べられやすさの違いを比較することができる。また，その摂食速度と，実験期間中の平均餌密度（cells mL^{-1}）から式 9.5 を用いて，単位生物量あたりの動物プランクトンの濾水速度（mL μgDW^{-1} day^{-1}）を求められる。

9.2.3 野外群集を用いる場合

上記2つの実験（9.2.1項 直接計数法，9.2.2項 密度勾配実験）は野外群集を用いて行うこともできる。実験操作は同じであるが，細かい手順が異なるため，以下に野外群集を用いる場合の注意点を説明する。

(1) 実験のセットアップ

植物プランクトンを含む試水は，バンドーン採水器などを用いて細胞を傷つけないよう採取する（2.2.1項参照）。採取した試水を100 μmのメッシュで濾過し，大型の動物プランクトンを取り除き，主に植物プランクトン群集を含む試水を作成し，実験用ボトルに分注する（図9.9）。実験用ボトルは2～10Lくらいの大型のもの（例えばナルゲン社のポリカーボネイトボトル）を用い，終了時の計数や分析に試水が十分量あるようにする。

捕食実験に用いるミジンコやケンミジンコは，実験室で飼育したもの，もしくは野外から採取した個体を用いる（2.2.2項参照）。ミジンコは飼育しやすく，また実験を行う1ヶ月くらい前から同調的に飼育すれば大きさを揃えることもできる。ケンミジンコは飼育が難しいため，野外から目合200～300 μm以上のプランクトンネットを用いて，傷つかないように集める。特定の種類を用いたい場合には種ごとに選別する。野外から採取した動物プランクトン群集を実験に供する場合には，プランクトンネットで捕集したのち，小型のネット（図2.5）に移し濾過試水（GF/Fなどで濾過した生物を含まない試水）の中で優しくふるい，植物プランクトンを極力洗い流す。そこから駒込ピペットなど広口のピペットを用いて各ボトルに添加する。添加する密度は野外の密度の0.5～10倍程度の範囲に設定する。添加する際，動物プランクトンが空気にさらされないよう，ピペットの先を確実に水中に入れて動物プランクトンを移動させる。実験ボトルに空気が入っていると，水面に動物プランクトンがトラップされることがあるため，気泡が入らないよう試水で満たす。

(2) 培養条件

実験ボトルは，可能であれば野外環境に係留する。現場に係留すると，水温や光は現場の環境と同一になり，ボトルは水流で撹拌されるため，培養条件と

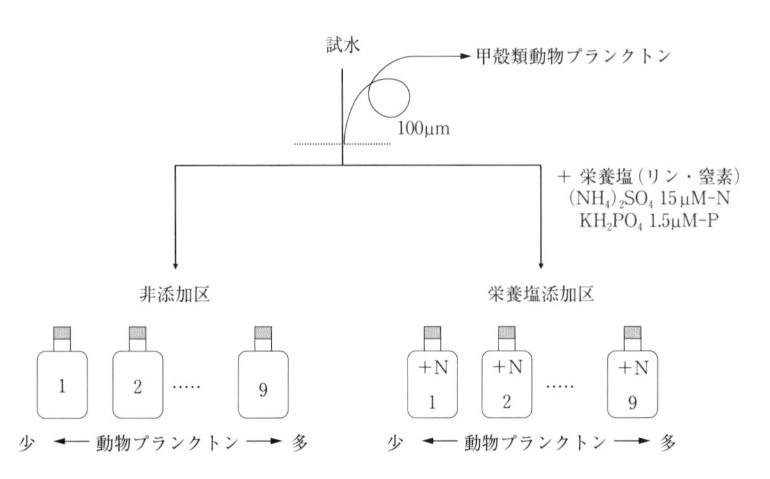

図 9.9　密度勾配実験を野外群集を対象に行う時の模式図
採取した試水を 100 μm のメッシュで濾過し，ミジンコやケンミジンコなど大型の動物プランクトンを取り除く。この植物プランクトン群集を主に含む試水を実験用ボトル（2〜10 L）に分注する。別途用意したミジンコやケンミジンコを，野外の密度を間に挟むように 0.5〜10 倍程度の範囲になるよう勾配をつけて添加する。動物プランクトンによる栄養塩回帰の効果（8.1 節参照）を調べるのであれば，栄養塩を添加する処理区（栄養塩添加区）と添加しない処理区（非添加区）を設ける。回帰される主要な栄養塩である窒素やリンを，現場よりも若干高い濃度で加える。例えば，琵琶湖の実験では窒素を 15 μM，リンを 1.5 μM 加えた。ボトルを光の当たる深度に係留し，数日間培養した後，回収する。

して好適である。ただし，太陽が当たりすぎると強光阻害を起こす場合もあるため，表層は避けたほうがよい。現場での係留が難しい場合には，インキュベーターや恒温室，水槽などで現場の環境を模倣し，光や温度の条件がボトル間で変わらないように行う。

培養する日数は，被食の影響だけを見るのみであれば数時間から数日，動物プランクトンの栄養塩回帰による植物プランクトンの成長促進効果も検証したければ 2〜5 日がよい。

(3) 試料の固定・計数・解析

計数や解析は 9.2.1 項や 9.2.2 項と同様である。大きく異なる点は，実験終了時に大型の動物プランクトンの生物量を測定するための試料と，植物プランクトンの細胞密度などを測定するための試料とを，分けて採取する必要がある。実験ボトルから動物プランクトンを採取するには，ボトル中の試水を

150～200 μm のメッシュで濾過し，メッシュ上に捕集された動物プランクトンを集めて，ルゴールなどで固定・保存する。メッシュを通過した試水は，植物プランクトンの分析用試料とする。ミジンコやケンミジンコは，種ごとにすべての個体を計数し体長を測定する。ただし，同一のサイズの飼育個体を添加した場合や，特定の種類を選別し添加した場合など，添加した密度が推定できるようであれば，その必要はない。動物プランクトンの生物量は，実体顕微鏡下で種類ごとにサイズを計測した後，体長-乾重量の関係式から算出する（表9.2）。あるいは，150～200 μm のメッシュで捕集した各ボトルの動物プランクトン群集を濾紙上に集めて乾燥したのち，重量を測定し，生物量としてもよい。

植物プランクトンの試料は，実験開始時と終了時に一定量分取する。ルゴール液で固定し計数する。小型のワムシや繊毛虫，鞭毛虫も評価したい場合には，この試料から計数するか，一部分取し別の固定液で固定し計数する（2.3 節参照）。植物プランクトンの生物量として，メッシュを通過した試水をフィルターに捕集し，クロロフィル *a* 量や有機物量を測定することもできる（4.2 節，4.3 節参照）。

(4) 野外群集を用いる長所と短所

野外群集を用いる最大のメリットは，実際の環境条件を模倣でき，実験室では培養しにくい生物を含めて実験を行えることである。一方で，多様な群集を用いることで生物間相互作用は複雑になり，解釈や解析が難しくなる。また，群集の組成次第で結果が変わる可能性もあるため，目的に合わせて時期や採水深度を慎重に選ぶ必要がある。実験の操作を船上や野外で行う場合には，太陽光や降雨，気温の変化に細心の注意を払って行う。

(5) 解析例

筆者らが琵琶湖の野外群集を用いて行った密度勾配実験を紹介する（図9.10）。カブトミジンコ（*Daphnia galeata*）が優占している 7 月と，ヤマトヒゲナガケンミジンコ（*Eudiaptomus gracilis*）が優占している 10 月に密度勾配実験を行った。ミジンコが優占した 7 月は小型の珪藻（*Stephanodiscus carconensis*）がよく捕食されたのに対し，ケンミジンコが優占した 10 月は大型の珪

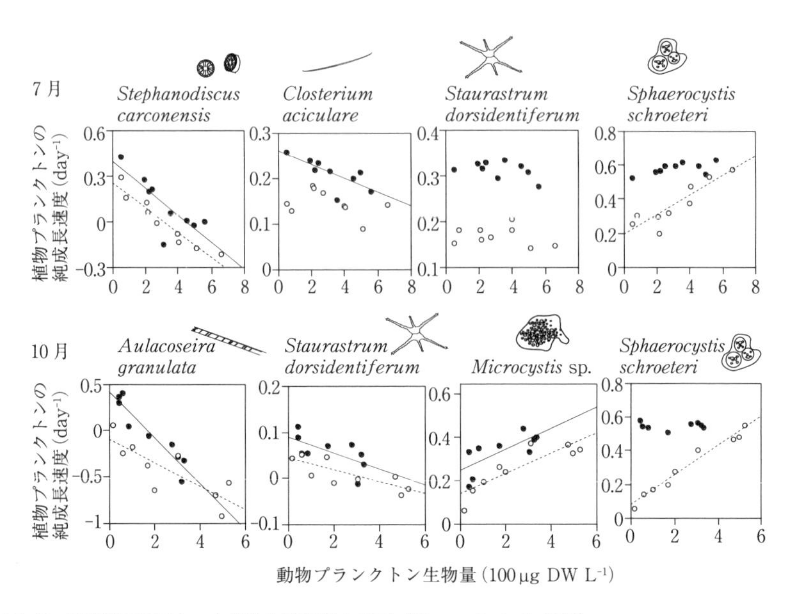

図 9.10　琵琶湖でおこなった密度勾配実験の結果（Kagami *et al.*, 2002）

琵琶湖でカブトミジンコ（*Daphnia galeata*）が優占している7月（上段）と，ヤマトヒゲナガケンミジンコ（*Eudiaptomus gracilis*）が優占している10月（下段）に密度勾配実験を行った。動物プランクトンの生物量（乾燥重量）と植物プランクトンの純成長速度（r）の関係を，栄養塩を添加した処理区（栄養塩添加区，黒丸）と添加しなかった処理区（非添加区，白丸）で比較し，各動物プランクトンが植物プランクトンに及ぼす捕食および栄養塩回帰による成長促進の効果を調べた。その結果，濾過食者であるミジンコは小型の珪藻（*Stephanodiscus carconensis*）を，ついばみ食者であるケンミジンコは大型の珪藻（*Aulacoseira granulata*）や緑藻（*Staurastrum dorsidentiferum*）を捕食していることがわかる。ミジンコは細長い *Closterium aciculare* も捕食した。粘質鞘をもつ緑藻 *Sphaerocystis schoroeteri* は7月も10月も捕食されず，動物プランクトンにより成長が顕著に促進されていた。この種はミジンコの消化管を生きたまま通過できるため（viable gut passage），成長が促進されたのだろう。同様に粘質鞘をもつ藍藻 *Microcystis* sp. は栄養塩添加区でも動物プランクトンの密度とともに成長が増加していることから，栄養塩回帰による成長促進ではなく *Microcystis* sp. を捕食する繊毛虫をケンミジンコが減らした栄養カスケード効果が現れた可能性が高い。

藻（*Aulacoseira granulata*）が顕著に捕食された。大型の緑藻 *Staurastrum dorsidentiferum* は，7月は捕食されていなかったが，10月は若干捕食されていた。これらの違いはミジンコが濾過食者で小型のものを好むのに対し，ケンミジンコはついばむように餌を捉えて食べるため，比較的大型の植物プランクトンでもかじることができるからだろう。

粘質鞘をもつ緑藻 *Sphaerocystis schoroeteri* は7月も10月も捕食されず，成長が顕著に促進されていた。この種はミジンコの消化管を生きたまま通過できる（viable gut passage）ので，成長が促進されたと考えられる。この viable gut passage はミジンコのみで知られていたため，ケンミジンコの優占した10月でも *S. schoroeteri* の成長が顕著に促進されたのは興味深い。藍藻 *Microcystis* sp. も10月に捕食されず純成長速度が促進されていた。栄養塩添加区でも捕食者密度に伴い純成長速度が促進されていることから，栄養塩回帰ではない他の効果も影響していると考えられた。ケンミジンコの増加とともに藍藻 *Microcystis* を捕食できる繊毛虫が減少していたことから（Yoshida *et al.*, 2001），ケンミジンコが繊毛虫を捕食したことによる栄養カスケード効果が *Microcystis* sp. の増加をもたらしたのかもしれない（Kagami *et al.*, 2002）。

このように密度勾配実験は，多様な種を含む野外群集を用いて，植物プランクトン各種に対する動物プランクトンの直接・間接効果を検出できる，強力な手法といえる。

9.2.4　希釈実験

繊毛虫など小型の動物プランクトンは，植物プランクトンと細胞サイズが同様のため，サイズ分画によって捕食者を分ける密度勾配実験ではその影響を調べることができない。代わりに，湖水（もしくは海水）を濾過湖水（海水）で希釈し捕食者密度（両者の遭遇頻度）に勾配をつける実験が考案された（dilution experiment; Landry and Hassett, 1982；図9.11）。

(1)　実験のセットアップ

植物プランクトンを含む試水を，バンドーン採水器などを用いて採取する。甲殻類など大型の動物プランクトンを取り除くために，100 μm のメッシュで濾過し，実験に用いる試水とする。その一部を孔型0.2 μm のカプセルフィルター（ゲルマン社など）などを用いて濾過し，生物が含まれない濾過試水（<0.2 μm）を作成する。プランクトンを含む試水（<100 μm）と濾過試水（<0.2 μm）を混合し，試水の割合が0.1～1.0となるよう，数段階の希釈系列を設ける（図9.11，例えば0.2, 0.4, 0.6, 0.8, 1.0の5段階）。各希釈段階について3つ以上

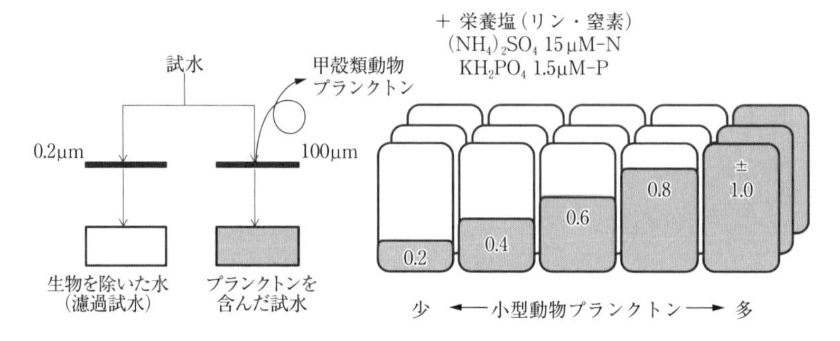

図 9.11　小型動物プランクトンの捕食圧を評価するための希釈実験（dilution experiment）の模式図
採取した湖水（海水）を 100 μm のメッシュで濾過し，ミジンコやケンミジンコなど大型の動物プランクトンを取り除き，植物プランクトン群集と繊毛虫など小型動物プランクトンを含む試水を作成する。同時に，孔型 0.2 μm のカプセルフィルター（ゲルマン社など）などを用いて濾過し，生物が含まれない濾過試水（<0.2 μm）を作成する。試水（<100 μm）と濾過試水を混合し，試水の割合が 0.1〜1.0 となるよう，数段階の希釈系列を設ける（例えば試水の割合が 0.2, 0.4, 0.6, 0.8, 1.0 の 5 段階）。各希釈段階について 3 つ以上の繰り返しを設け，実験用ボトルに分注する。動物プランクトンによる被食速度のみを評価するためには，栄養塩を必ず添加する。添加しない場合は栄養塩回帰の効果だけでなく希釈に伴う栄養塩制限の緩和も考慮に入れる必要がある（図 9.12）。ボトルを光の当たる深度に係留し，数日間培養した後，回収する。

の繰り返しを設ける。実験には 1 L くらいの小型のボトルを用いる（例えばナルゲン社ポリカーボネイトボトル）。

理論上，植物プランクトンの成長速度 μ（式 8.3 参照）は希釈段階によって変化せず，動物プランクトンの捕食圧（密度）は試水の割合が高いほど高くなる（最大 1.0）。したがって，植物プランクトンの成長速度 μ と動物プランクトンによる被食速度 g の差となる純成長速度 r は，試水の割合 x の増加に伴い減少することが予想される（図 9.12）。純成長速度 r は，以下の式で表される。

$$r = \mu - gx$$

ただし，試水の割合が多いほど，植物プランクトンの密度が高くなり，栄養塩による成長制限がより強くなる可能性がある（図 9.12; Landry and Hassett, 1982）。また，栄養塩を添加しないと動物プランクトンによる栄養塩回帰の効果も影響する。そのため，希釈実験では基本的には栄養塩を添加して，真の被食速度 g を求める。培養は，先と同様に，現場もしくは培養室で行う。

(2) 試料の固定・計数・解析

計数や解析はこれまでと同様である。植物プランクトンおよび動物プランクトンの計数用試料は，実験開始時と終了時に一定量分取し，ルゴール液で固定し計数する。植物プランクトン生物量として，クロロフィル a 量を用いることもできる。繊毛虫は固定により破裂する可能性が高いため，固定前に種を確認したほうがよい。鞭毛虫の固定液はグルタルアルデヒドが適している（2.3 節参照）。動物プランクトンは希釈により低密度となるため，ボトル中の個体すべて計数する必要がある。動物プランクトンの生物量は，実体顕微鏡下で種ごとに，サイズを計測した後，体長-乾重量の関係式から算出する。動物プランクトンの計数が難しい場合には，試水（$<150\sim200$ µm）と濾過試水（<0.2 µm）を混合した割合（希釈段階）を指標に解析することもできる（図 9.12）。

植物プランクトン各種の純成長速度（r）と，動物プランクトンの生物量（乾燥重量）もしくは希釈段階との関係から，食われやすさを評価する。なお，希釈実験では，植物プランクトンは密度ではなく純成長速度として評価する。純成長速度の計算は式 9.1 と同様である。直線の傾きは，栄養塩添加区では被食圧のみを示す。すなわち，栄養塩添加区で希釈率が低くなるほど（小型動物プランクトンが多くなるほど），植物プランクトンの純成長速度（r）が有意に減少するならば，その種は小型動物プランクトンに捕食されているといえる。栄養塩を添加しないと，栄養塩回帰と被食圧両方の効果に加えて，密度効果，すなわち高密度だと栄養塩が不足し成長が落ちることを考慮する必要がある（図 9.12）。

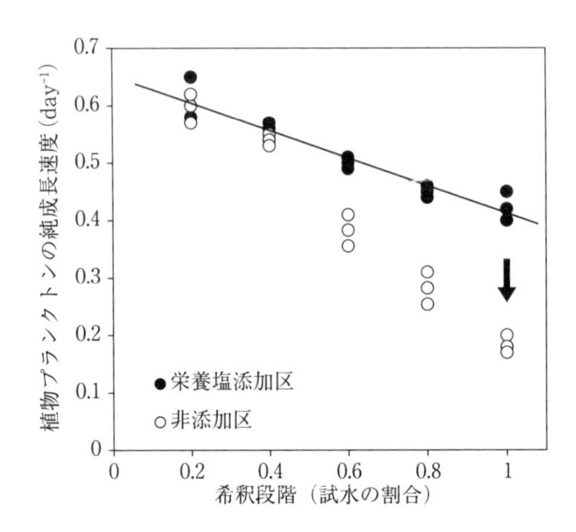

図 9.12　希釈実験の結果模式図

X 軸に希釈段階，すなわち濾過試水（<0.2 μm）に対する試水（<100 μm）の割合をとる。その割合が大きいほど小型の動物プランクトンが多い。Y 軸には植物プランクトンの純成長速度（r）をとる。栄養塩を添加した系列（栄養塩添加区，黒丸）では捕食の影響のみが表れる。植物プランクトンの純成長速度 r と希釈段階 x（0.2, 0.4, 0.6, 0.8, 1.0 の 5 段階）との間に有意な負の相関関係があった場合には直線の傾きは被食速度 g に相当する。栄養塩を添加しなかった系列（非添加区，白丸）を設けた場合には，栄養塩回帰による成長促進と捕食の影響に加え，密度効果に伴う栄養塩制限の度合いを考慮に入れる必要がある。すなわち，試水の割合が多いほど，植物プランクトンの密度が高くなり培養期間中に栄養塩が不足し，成長速度が落ちる可能性がある。そのため，密度勾配実験とは異なり，栄養塩添加区と非添加区での比較では，単純に栄養塩回帰の効果のみを検証することはできない。

第10章 植物プランクトンと寄生生物の宿主-寄生関係

10.1 はじめに

植物プランクトには，ウイルスやバクテリア（細菌類），菌類，原生生物など様々な生物が寄生する（山本，1986；外丸，2016）。寄生する生物は寄生生物もしくは寄生者（parasite），寄生される生物は宿主（しゅくしゅ）（host）と呼ばれる。寄生生物によって，宿主が厳密に限られる（宿主特異性が高い）ものと，複数の種に寄生するものがある。

自然界において，植物プランクトンへの寄生率，すなわち宿主全細胞のうち寄生された細胞の割合は90％を超えることもあり，寄生生物は宿主の個体群動態に多大な影響を与える。また，寄生生物の宿主特異性が高く特定の種や系統を死滅させる場合，植物プランクトンの群集組成のみならず，種内の遺伝的多様性を変えることになる。その影響はさらに食物網動態や物質循環に波及する。

特定の植物プランクトンが増える環境は，寄生生物が増える絶好の機会となる。湖沼では，春の珪藻ブルームや夏のアオコ発生時に寄生生物が報告される例が多い。また，有用藻類の大量現場において様々な寄生生物の混入が問題になっている（Carney and Lane, 2014）。バイオ燃料や健康食品，医薬品に活用される有用藻類（第1章参照）は，低コストで大量に収穫するために野外開放系の大型水槽で培養されることが多い。当然，寄生生物が混入しうる環境であり，感染拡大は有用藻類の生産効率低下や風評被害など，企業にとって深刻な問題となる。国全体への経済的なダメージが顕著な例もある（Gachon *et al*., 2010）。寄生生物の侵入を防ぐことは難しく，寄生生物の早期検出方法や駆除法の開発ニーズが高まっている。藻類が食品や医薬品に用いられる場合には，抗生物質や薬剤に頼るのは控えたい。生態学的な知識を背景に，培養藻類の多様性を上げることで，寄生生物の増殖を抑制するだけでなく，生産性や安定性の向上にもつなげる予防策の提案がなされている（Shurin *et al.*, 2013）。ただし，有用藻類には，ツボカビ（Chytridiomycota）やアフェリダ（Aphelida），卵菌（Oomycetes），アメーバ（Amoeba）など幅広い分類群が寄生するため，万能な対処法はまだ存在しない。

ヒトにとって有害な藻類にも寄生生物は存在する。例えば，アオコを引き起こす藍藻類，赤潮を引き起こす珪藻類・渦鞭毛藻類，カキ毒の原因である渦鞭毛藻類には，ウイルスや細菌類，ツボカビなどが寄生する（外丸，2016）。したがって，それらを活用し，有害・有毒藻類の増殖を制御することも検討されている。

植物プランクトンに寄生する生物は小さく，野外において発見するのは困難である（図10.1）。2000年以降，メタバーコーディングやメタゲノムなど大量シーケンス解析手法の急速な進展により，湖水や海水など環境中から寄生生物と思われるDNA塩基配列が多く検出されるようになった。しかし，寄生生物の多くは培養されておらず，塩基配列データも不足しているため，検出された配列が本当に寄生生物なのか，宿主はどの生物かを判断することは困難である。今後，寄生生物のDNAデータベースが充実すれば，寄生生物の迅速な検出が可能となり，多様性や地理的な分布の研究も発展していくであろう。

寄生生物は培養可能な種類も多い。培養系が確立できれば，寄生者の系統分類や感染実験が可能となり，研究の可能性が広がる（図10.1）。

本章では，植物プランクトンに寄生する微生物を対象に，顕微鏡観察，単離と培養法，分子生物学的手法，および感染実験の方法を紹介する。筆者が専門とする菌類（ツボカビ）を主な対象として説明していくが，それらの手法は他の寄生生物にも適用可能である。ウイルスや細菌については石田・杉田（2000）に単離法などの紹介がある。また寄生性ウイルスの一連の研究は長崎 他（2005）を，殺藻細菌については今井（2017）を参照してほしい。

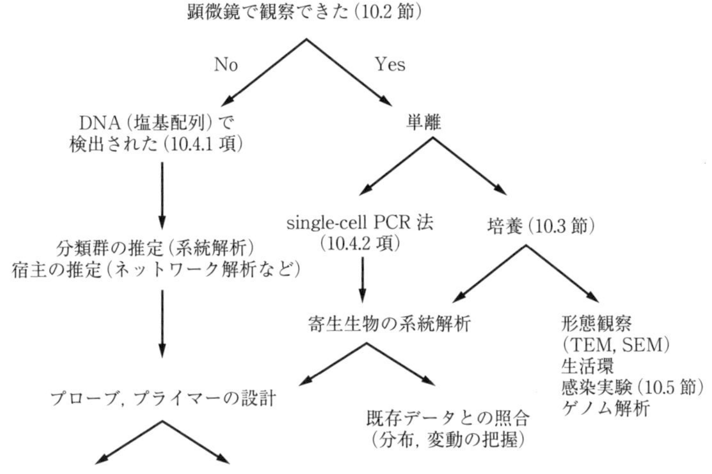

図 10.1　寄生生物を扱う手法に関するフローチャート
寄生生物を顕微鏡で確認できた場合は，単離培養を試みる。培養が難しそうな場合には野外試料で確認できた寄生生物から直接 DNA を抽出することで，系統的位置を推定できる（single-cell PCR 法）。観察できなかったが，大量シーケンス解析（メタバーコーディング・メタゲノム）などから寄生生物らしき塩基配列が検出された場合には，寄生生物の系統解析やネットワーク解析などによる宿主の推定がある程度可能となる。またタクサ特異的なプローブやプライマーを設計し，FISH 法によって存在を可視化する，もしくは定量 PCR 法により生物量を定量することもできる。

10.2　顕微鏡観察

寄生生物は，宿主の細胞外に寄生する外部寄生性と，宿主の細胞内に寄生する内部寄生性がいる。それらの中には，生活環の一部において，水中に単独で浮遊し過ごすものもいる。

寄生生物単体より，寄生された宿主細胞のほうが野外試料からは検出しやすい。実際，ウイルスやバクテリアなど微小な寄生生物が発見されるのは，宿主の植物プランクトンが大量に死亡した際に多い。

10.2.1　顕微鏡の種類

1 μm 以下のバクテリアやウィルスを観察するには，蛍光顕微鏡や電子顕微

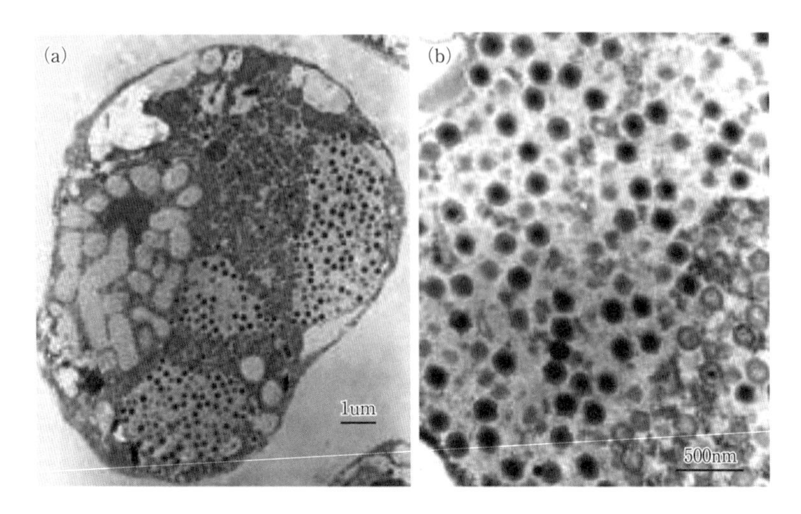

図 10.2　渦鞭毛藻類ヘテロカプサ（*Heterocapsa circularisquama*）に寄生するウイルス（長崎他，2005）
(a) 宿主細胞の切片を透過型顕微鏡（TEM）により観察した写真。黒いダイア状の点がDNA ウイルス HcV。(b) 宿主細胞内で複製した DNA ウイルス HcV の拡大写真。

鏡が必要である。蛍光顕微鏡では，バクテリアやウイルスの核酸を染色することで（表 3.3）観察できるが，点としてしか見えない（3.6 節参照）。より詳細な観察は電子顕微鏡により可能となる。宿主細胞の表面に付いたウイルスやバクテリアは走査型電子顕微鏡（scanning electron microscope, SEM）で，細胞内部に寄生したウイルスやバクテリアは透過型電子顕微鏡（transmission electron microscope, TEM）で観察できる（長崎 他 2005；図 10.2）。

菌類や原生生物の多くは数十マイクロメートル以上であり，光学顕微鏡でも観察できる。植物プランクトンに寄生する菌類には，ツボカビ門（図 10.3）やアフェリダ門（Aphelidiomycota）が知られている。これらは菌類界，オピストコンタに属し真菌類（true furgi）と呼ばれる（図 10.4）。一方，卵菌類やラビリンチュラ類など真菌類に似た原生生物の仲間は，かつて菌類として扱われていたが，ストラメノパイル（ヘテロコンタ Heterokonta）に属するため，偽菌類（psudo fungi）と呼ばれる。両者ともに鞭毛をもち水中で泳ぐ（遊走子）ため，鞭毛菌類（zoosporic fungi）とも称される。ただし，両者では鞭毛の本数や位置が異なり，ツボカビなど真菌類は鞭毛が後ろに 1 本もしくは複数ある後方鞭毛

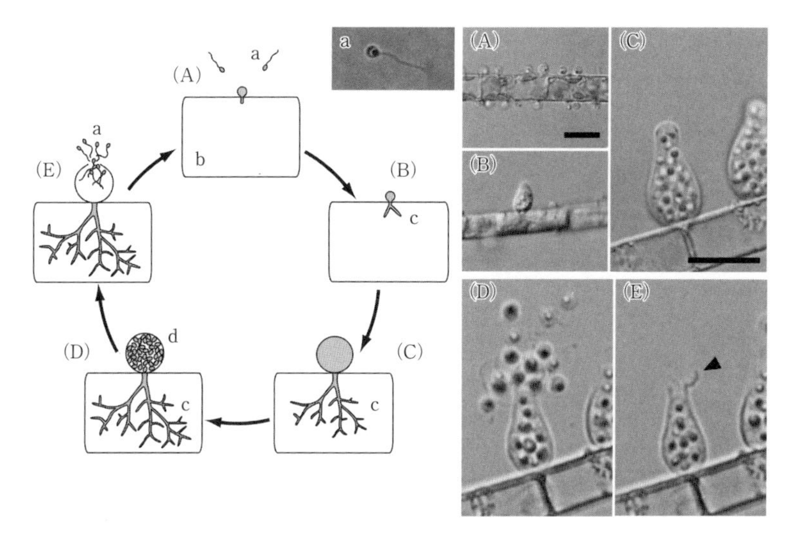

図 10.3 藻類寄生性ツボカビの無性生活環（稲葉 他，2011，Seto *et al.*, 2017 より改変）
無性生殖では（A）から（E）の段階を繰り返す。有性生殖を行う種もいる。左の絵：（A）遊走子（a）が宿主細胞（b）に定着，（B）遊走子の発芽，（C）仮根（c）の伸長・菌体の成長，（D）遊走子嚢（d）内部での遊走子形成，（E）遊走子の放出。写真は珪藻 *Aulacoseira ambigua* に寄生するツボカビ *Zygorhizidium aff. melosirae*（KS94）の様子（スケールは 10 μm)。（A）遊走子が宿主細胞に定着，（B）遊走子の発芽，（C）遊走子嚢内部での遊走子形成。（D）遊走子の放出。（E）蓋（矢印）は遊走子を放出後にとれる。蓋の有無（有弁か無弁か）は分類するうえで重要な特徴である。口絵 15 参照。

タイプなのに対し，卵菌類やラビリンチュラ類など偽菌類は前方に 1 本もしくは 2 本ある前方鞭毛タイプである（図 10.4）。いずれの遊走子も小さく（2〜5 μm），野外試料中から光学顕微鏡で検出するのは難しい。また鞭毛を染色しても，蛍光顕微鏡下での両者の区別や他の鞭毛虫との識別は困難である（Sime-Ngando *et al.*, 2011）。

真菌類と偽菌類の多くは宿主細胞の外部から寄生する。遊走子が宿主細胞上で成長すると遊走子嚢（胞子体）が形成される。その大きさは 20 μm 程度になるため，光学顕微鏡でも十分に観察できる（図 10.3）。

10.2.2 蛍光染色

ツボカビなど真菌類を検出するには，真菌類の遊走子嚢（胞子体）がもつキチン質を染める蛍光染色法が有効である（図 10.5）。染色は，そのままの試料

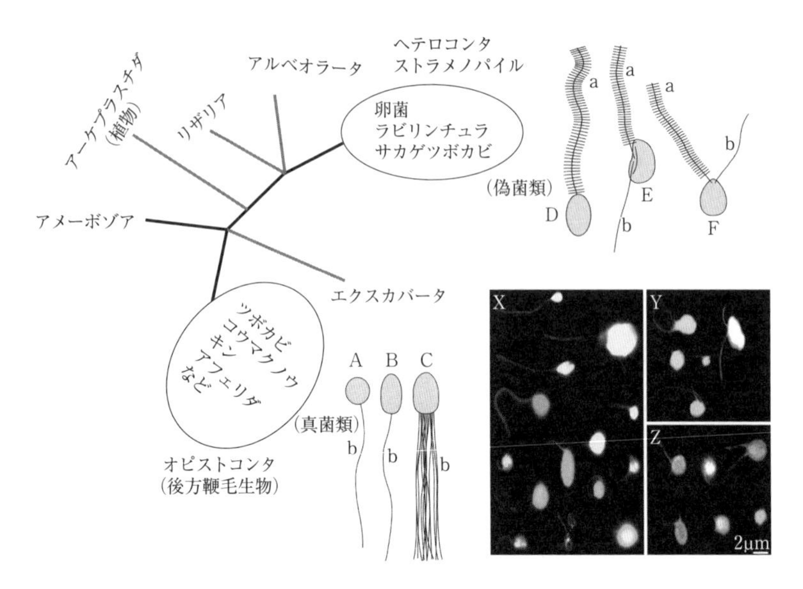

図 10.4　鞭毛をもつ菌類のうち，真菌類（ツボカビなど）と偽菌類（卵菌など）の系統的位置および遊走子形状の違い（Sime-Ngando *et al.*, 2011；稲葉 他，2011 より改変）

ツボカビやアフェリダなどの真菌類は大系統群（図 1.1）のうちオピストコンタに属するが，卵菌やラビリンチュラなど偽菌類はストラメノパイル（ヘテロコンタ）に属する。

ツボカビ門（Chytridiomycota, A）やコウマクノウキン門（Blastocladiomycota, B），ネオカリマスチクス門（Neocallimastigomycota, C），アフェリダ門（Aphelidiomycota）など真菌類は後方にムチ型鞭毛（b）をもつ。一方，サカゲツボカビ門（Hyphochytriomycota, D）や卵菌門（Oomycota, E, F）は前方に両羽型鞭毛（a）をもつ。蛍光顕微鏡下では両者は区別が難しい（X はツボカビなど真菌（True fungi），Y, Z は偽菌類（Psudo fungi）もしくは従属栄養の鞭毛虫（flagellates））。

（生試料）でも，固定試料でも適用できる。固定試料の場合，無色のグルタルアルデヒド（最終濃度 1%）やホルマリンで固定した試料にはそのまま染色できるが，ルゴール固定した試料は赤く染まっているため，3% チオ硫酸ナトリウム（$Na_2S_2O_3$）を加え脱色する（2.3 節参照）。

キチン質の染色には，カルコフルオロホワイト（calcofluor white, CFW; Müller and Sengbusch 1983，注：Sigma 社では Fluorecence Brightner として販売されている）を用いる。0.1% の濃度に調整し（10 mL の超純水に 10 mg 溶かす），1 mL の試料に 5 μL 添加し染色する（Harrington and Hageage, 2003；https://mycology.adelaide.edu.au)。染色後試料をスライドガラスや計

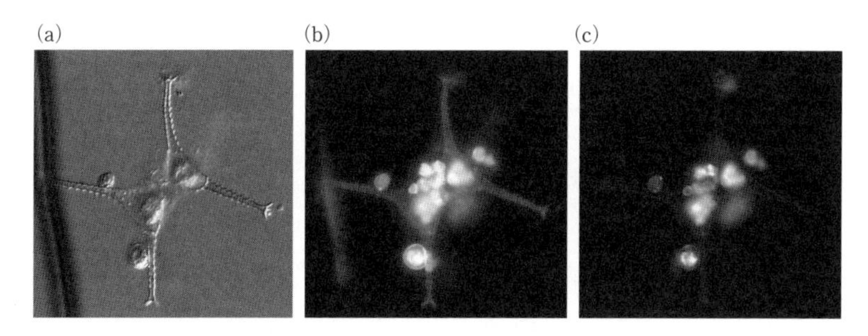

図 10.5　琵琶湖の緑藻 *Staurastrum* に付着する真菌類を蛍光染色したもの
試料は琵琶湖北湖で採取し 70% エタノールで固定したもの。0.1% カルコフルオロホワイト（calcofluor white）と 0.1% WGA（wheat germ agglutinin）で二重染色後，蛍光顕微鏡にて観察撮影（Carl Zeiss Axio Imager 2）。(a) 微分干渉，(b) UV 励起光下（フィルター名 DAPI）で青白く光るものがツボカビなど菌体。宿主の細胞壁も青く光っている。細胞質は自家蛍光で赤く光る，(c) 青色励起光（フィルター名 EGFP）下で緑色に光るものが菌体。宿主の細胞質はオレンジ色に光る。口絵 16 参照。

数板などに入れて蛍光顕微鏡（UV 励起先）で観察する（筆者はウタモールチャンバー（3.5.2 項参照）を用いることが多い）。蛍光顕微鏡で紫外励起光を当てるとツボカビ体は青く光る（励起光 365 nm，蛍光 435 nm；図 10.5）。ただし，CFW はセルロースも染色するため，一部の卵菌類も染色される（注：CFW は β-1.4 結合を染色。セルロースはグルコースが β-1.4 結合で，キチンは N—アセチルグルコサミンが β-1.4 結合でつながっている）。また宿主となる藻類細胞自体も染色され，菌体が観察しにくい場合がある。

真菌類のみを検出するのであれば，キチン質を特異的に染色する WGA (wheat germ agglutinin, Alexa Fluor™ 488 conjugate, Thermo Fisher Scientific 社）が有効である（図 10.5）。0.1% の濃度に調整し（5 mg を 5 mL の超純水に溶かす），−20℃ で冷凍保存する（凍結融解を繰り返さないために 100 μL〜1 mL ずつ分注し冷凍保存するとよい）。1 mL の試料に対し 0.1% WGA を 5 μL 滴下し，暗所で 15 分染色する（1 mL の試料に対し 2.5 μL でも染色できる）。蛍光顕微鏡で青色光を当てると菌体が緑に光る（励起光 495 nm，蛍光 519nm，図 10.5）。CFW と WGA の二重染色も可能である（1 mL の試料に 5 μL の 0.1% CFW と 5 μL の 0.1% WGA を添加する）。

卵菌類など偽菌類は，キチン質をもたないため，コンゴレッド（Congo Red）

やナイルレッド（Nile Red）で染色される（Gachon *et al.*, 2010）。

いずれの染色方法も，分類群に特異的ではない。ある寄生生物の種やタクサのみを染色するのであれば，特定の遺伝子配列を特異的に染色するFISH法やCARD-FISH法が有効である（10.4.3項参照）。

10.2.3　寄生率・寄生強度の算出

感染状況は寄生率（prevalence of infection）や寄生強度（mean intensity of infection）として数値化される。寄生率は，以下の式のように寄生された宿主細胞を全宿主細胞数（非感染および感染細胞の総数）で割ることで，算出できる。

$$\text{寄生率} = \frac{\text{寄生された宿主細胞数}}{\text{宿主総細胞数}}$$

また1宿主細胞に同一寄生者が複数寄生する場合，宿主あたりの寄生者数から寄生強度が求められる。寄生強度は，寄生者が宿主個体群に与える影響の強さや，寄生者の感染様式を把握するうえで有効な指標となる。寄生強度は寄生者の総数を（宿主1細胞に複数寄生している場合はそれをすべて数える），宿主細胞数（非感染および感染細胞の総数）で割ることで求まる（Kagami *et al.*, 2004）。

$$\text{寄生強度} = \frac{\text{寄生者総数}}{\text{宿主総細胞数}}$$

10.3　寄生生物の単離培養

10.3.1　直接単離法

寄生生物を湖水や海水から単離する手順は，植物プランクトンを単離する方法とほぼ同様である（7.3.1項参照）。ただし，事前に宿主となる植物プランクトンを培養しておく必要がある。寄生生物そのもの，もしくは寄生生物に感染した植物プランクトン細胞を単離し，あらかじめ培養しておいた宿主の入った培養プレートに接種する。数日間観察し，新しい宿主細胞に感染が認められれば，単離が成功したといえる。以下に単離する手順を記す。

(1) あらかじめ用意した宿主細胞を培養プレート（24や48穴）に入れる。宿主の密度は低すぎると感染が起こりにくいが，高すぎると観察しづらい。筆者は大型の珪藻や緑藻などであれば3,000〜6,000 cells mL^{-1}になるよう調整している。24穴の培養プレートを用いる場合，各穴（容量約3.5 mL）に1 mL宿主を入れる。

(2) 寄生生物の含まれている試水をシャーレやホールスライドガラスに入れ，顕微鏡下で単離したい寄生生物を探す。見つけたらピペット（キャピラリー，マイクロピペットなど藻類の単離と同様，7.3.1項参照）の先端を対象の寄生生物の近くに移動し吸い取り，洗浄用の培地（濾過湖水／海水でもよい）の入った別シャーレやホールスライドガラスに移す。洗浄は必要に応じて2〜3回繰り返す。

(3) 単離できた寄生生物を，(1) で用意した宿主の入った培養プレートに接種する。プレートは温度や光条件をセットしたインキュベーターに静置する。培養条件は寄生生物によって異なるが，概ね宿主と同様の条件でよい。例えばツボカビなど菌類は，16〜20℃ 程度の温度で，LEDランプや蛍光灯など10〜200 μmol photon m^{-2} sec^{-1}の光を当てた環境条件で培養する。

(4) 単離後2〜7日後くらいにプレートを観察し，対象の寄生生物が増えていたら，大きめの培養容器に新しい宿主とともに移す。ツボカビの場合，泳ぐ遊走子や，新しく細胞質の抜けた殻が確認できれば単離が成功したといえる。(1) で宿主藻類を色（緑や茶）が見えるほど摂取した場合には，色の抜け具合（白っぽくなる）を感染の指標にすることもできる。寄生生物が確認できたら，プレートの穴をそのままピペットで吸い取り新しい培地に移す。今一度洗浄作業を行うと，他の種の混入を防ぐことができる。

10.3.2 釣菌法・寒天重層法・希釈培養法

寄生生物や感染した宿主を顕微鏡下で直接確認できない場合には，釣菌（ちょうきん）法や寒天重層法，希釈培養法が有効である。ウイルスなど観察が困難な寄生生物には，寒天重層法や希釈培養法が用いられる。

釣菌法（細矢 他，2010）は，分解性の菌類を単離する際に用いられる。菌類を釣り上げる餌（基質）として，花粉やゴマ，セロハン膜などの有機物が用いられる。寄生菌類には，宿主である植物プランクトンを餌として用いる。あらかじめ培養してある宿主とともに試水を一定期間培養し，宿主上で寄生生物が増えるかを見る。

寒天重層法は，宿主となる植物プランクトンを寒天と混ぜて固めプレートを作成し，その上に試水をまく方法である（山本，1978；石田・杉田，2000）。寄生生物が増えると，寒天上で植物プランクトンの色素が抜けたコロニーが形成され，判別できる。

希釈培養法（MPN 法）は7.3.3項でも紹介したが，試水を様々な希釈段階で接種し，寄生生物の密度を推定できる．希釈した試水のうち寄生生物が確認できたものを，寄生生物の単離に利用することもできる（石田・杉田，2000）。

寄生生物の中には，生きた宿主細胞を必ずしも必要とせず，有機物を含む培地上で育つ腐生性に近い種もいる（Barr, 1987）。寄生性か腐生性かは明瞭に分けられず，生きた宿主が必要な絶対的寄生性（obligate parasitic）や，生きた宿主でも有機培地上でも増える条件的寄生性（facultative parasitic），死んだ細胞（有機物）しか利用できない絶対的腐生性（obligate saprophytic）など様々である（Frenken *et al.*, 2017）。

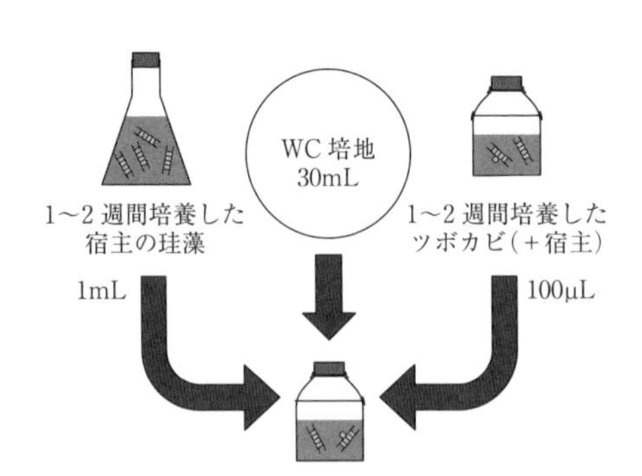

図 10.6　ツボカビの継代培養方法

寄生生物の培養株は，定期的に宿主の入った培養液に植え継ぎ維持する。例えば，筆者らの珪藻寄生性ツボカビでは，培地（WC 培地）30 mL と，宿主のみの培養液 1 mL，1〜2 週間宿主とともに培養したツボカビ 100 µL を入れて植え継ぐ。量や頻度は各種の成長速度に応じて調整する。

10.3.3 継代培養

寄生生物の中でもツボカビは比較的容易に培養できる。ただし，多くの場合は宿主ともに培養（共培養もしくは二員培養）する必要がある。培養株は，定期的に新しい宿主細胞の入った培地に植え継ぎ，維持する（図 10.6）。植え継ぎ頻度は，寄生生物と宿主の成長速度に応じて週 1 回程度の頻度で行う。無菌でない場合，培養後期になるとバクテリアが増える。植え継ぎのタイミングは，宿主が完全に死滅しておらず，寄生生物が十分に増えた頃が適している。

10.4 分子生物学的手法を用いた寄生生物の検出・分類

培養株が存在する寄生生物は，生活環や微細構造の観察に基づく系統分類と，遺伝子に基づく分子系統解析が可能になる（図 10.1）。一方，単離培養できていない寄生生物でも，大量シーケンス（10.4.1 項）や single-cell PCR 法（10.4.2 項）を用いて環境中から良質な DNA 塩基配列を取得できれば，それをもとに分子系統解析が可能である。さらに，寄生生物の配列に特異的なプライマーやプローブを設計し，FISH 法（10.4.3 項）や定量 PCR 法（10.4.4 項）によって，その生物量の定量や，宿主や存在形態の確認など生態諸側面の解析が可能である。

10.4.1 大量シーケンス

2000 年頃から大量シーケンス（次世代シーケンス，超並列シーケンスなどともよばれる）によるメタバーコーディング法やメタゲノム法が汎用されるようになり，微生物はこれまで考えてきた以上に多様であることが明らかになった。2000 年以前は，DGGE 法やクローンライブラリー法を用いた解析が中心であった。これらの手法では，1 回の解析で検出できる微生物の数（バンド数やコロニー数）は数十から多くても数百程度と限りがあった。また，クローンライブラリー法は遺伝子組み換え作業を伴うため，遺伝子組み換え実験に対応した実験室と承認も必要であった。しかし，大量シーケンスでは，1 回の解析で検出できる微生物の数（リード数）は数百万から数億と，従来の手法をはるかに上回る。遺伝子組み換えの必要もない。

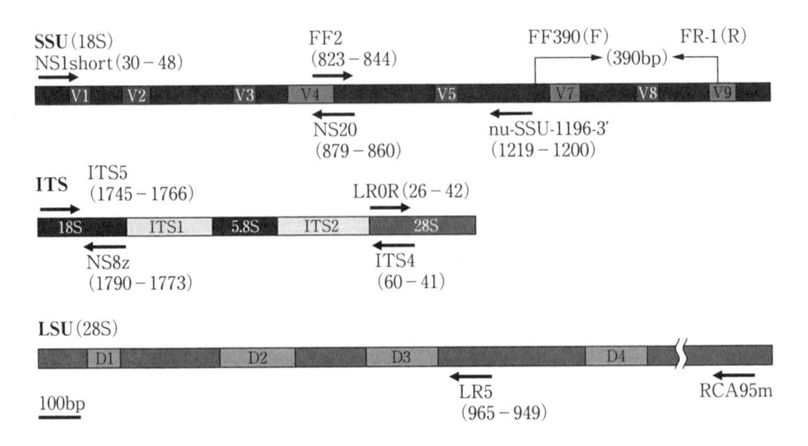

図 10.7　リボソーム DNA の領域をカバーする菌類に特異的なプライマーの一例
棒の上側の右向き矢印はフォワード（F）プライマー，下側の左向き矢印はリバース R プライマーの位置を示す。各プライマーの詳細は表 10.1 および UNITE（https://unite.ut.ee/primers.php）を参照。

DNA に基づく群集組成の解析は，用いるプライマー次第で結果が異なる。真核生物や菌類といった特定の分類群対象とするプライマーが設計されている（表 10.1，図 10.7）。植物プランクトンは，光合成に関与する遺伝子や葉緑体遺伝子を対象にすることで，動物を除外して解析できる。例えば酵素ルビスコをコードする遺伝子領域（*rbc*L 遺伝子など）はよく用いられる。ただし，いずれのプライマーも万能ではなく，他の分類群の DNA を増幅したり，対象の分類群の中でも増幅されない種もいる。また，寄生生物に限定的なプライマーは存在しないため，特定の分類群の中からさらに寄生生物と思われる配列を探し当てる必要がある。

10.4.2　single-cell PCR 法

培養が困難な生物を対象に，1 細胞から DNA を抽出し，PCR で増幅した後，塩基配列を決定する方法は single-cell PCR 法とよばれる。この方法を応用すれば，顕微鏡で観察できた寄生生物から直接 DNA を抽出し解析できる。筆者らは，寄生生物単独ではなく，寄生された植物プランクトンを顕微鏡下で拾い上げ，寄生者の DNA を解析する手法を確立した（図 10.8；Ishida *et al*., 2015；

表 10.1 代表的なプライマー（真核生物ユニバーサルもしくは真菌類特異的）

サンガーシーケンスで用いられるもの，メタバーコーディングで用いられるペアを記した。真菌類特異的なものは * でマークした。

対象とする領域	プライマー名	プライマーの位置	プライマーの塩基配列（5′-3′）	文献	Forward（F）または Reverse（R）
サンガーシーケンス					
18S *r*DNA	NS1short	30-48	CAGTAGTCATATGCTTGTC	Wurzbacher *et al.*（2019）	F
（SSU）	NS20	879-860	CGTCCCTATTAATCATTACG	White *et al.*（1990）	R
	ns-SSU-1196-3′	1219-1200	TCTGGACCTGGTGAGTTTCC	Borneman *et al.*（2000）	R
	FF2	823-844	GGTTCTATTTTGTTGGTTTCTA	Zhou *et al.* 2000	F
	NS8z	1790-1773	TCCGCAGGTTCACCTACG	Seto *et al.*（2017）	R
ITS	ITS5	1745-1766（18S）	GGAAGTAAAAGTCGTAACAAGG	White *et al.*（1990）	F
	ITS4	60-41（28S）	TCCTCCGCTTATTGATATGC	White *et al.*（1990）	R
28S *r*DNA	LR0R	26-42	ACCCGCTGAACTTAAGC	Hopple and Vilgalys（1994）	F
（LSU）	LR5	965-949	TCCTGAGGGAAACTTCG	Hopple and Vilgalys（1994）	R
	RCA95 m*		CTATGTTTTAATTAGACAGTCAG	Wurzbacher *et al.*（2019）	R
メタバーコーディング					
18S *r*DNA	nu-SSU-1334-50（FF390）*	断片長 390bp	CGATAACGAACGAGACCT	Vainio and Hantula（2000）	F
	nu-SSU-1648-30（FR-1）*	（1290-1680）	ANCCATTCAATCGGTANT	Banos *et al.*（2018）(a)	R

(a) N はランダム。Vainio and Hantula（2000）では N の代わりに I（イノシン）

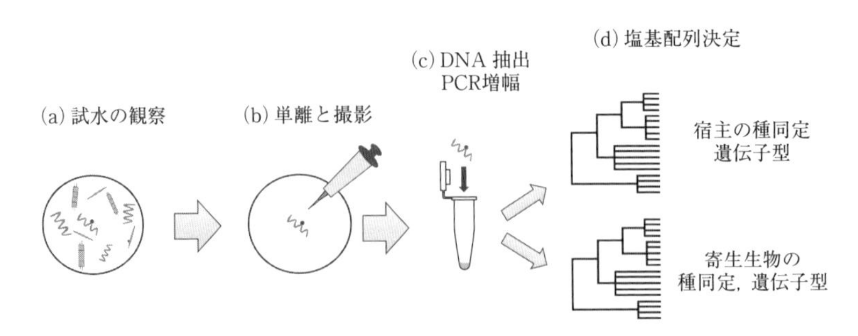

図 10.8　single-cell PCR 法の模式図
(a) 試水を観察し，寄生生物を見つける。染色し蛍光顕微鏡で観察したほうが確実である。
(b) 寄生生物の付着する宿主細胞をピペットを用いて単離し写真撮影する。数回洗浄後，
(c) PCR チューブに移し，DNA 抽出および PCR 増幅を行う。
(d) 増幅できた寄生生物の DNA の塩基配列を決定する。抽出された DNA の中には宿主と寄生生物の両方の DNA が混在するが，寄生生物もしくは宿主に特異的なプライマーを用いることで，サンガー法での塩基配列解析が可能となる。あるいは，宿主と寄生生物を両方増幅させ，大量シーケンサーで両者の塩基配列を同時に解析することもできる。

Kagami *et al*., 2020)。抽出された DNA の中には宿主と寄生生物の両方の DNA が混在するが，寄生生物（ここでは菌類）に特異的なプライマーを用いることで，寄生生物の DNA のみ増幅され，サンガー法での塩基配列解析が可能となる。*rbc*L 領域など宿主の植物プランクトンのみを増幅するプライマーも用いれば，宿主の種類も特定できる（Van den Wyngaert *et al*., 2018）。あるいは，宿主と寄生生物を両方増幅させる真核生物を対象としたプライマーを用いて，大量シーケンサーで両者の塩基配列を同時に解析することもできる。Miseq などの大量シーケンサーは，解析できる塩基長が 350bp 程度のため詳細な系統分類は難しいが，第三次世代シーケンサーとよばれる PacBio や Oxford Nanopore（MinION）を用いれば，3000bp を超える長い塩基を多数同時に解析でき，リボソーム DNA 配列の全領域（18S, ITS, 28S）も解析できるため，リボソーム DNA 配列データベースを充実するうえでも有効である（Wurzbacher *et al*., 2019）。

single-cell PCR 法の難点として，1 細胞から DNA を抽出するため，PCR 増幅がうまくいかないことがある。DNA 増幅に用いるポリメラーゼを慎重に選ぶことが大事である。WGA（whole genome amplification）や MDA（multiple displacement amplification）などゲノム増幅キットを用いて DNA を抽出増幅

すれば，1細胞から高濃度のDNAを得ることも可能である。ただし，これらのキットは高価であり，ゲノム増幅の段階でエラーが生じない保証はない。

フローサイトメーターやセルソーターを用いて野外中の細胞を1細胞ずつ単離し，解析する方法もある。single-cell genomicsのように，全ゲノムを1細胞から解析する方法も進みつつあり（Ahrendt *et al.*, 2018），今後は培養されていない寄生生物の全ゲノム解析がより容易になるだろう。

10.4.3 FISH法

対象とする寄生生物の塩基配列に特異的に結合する蛍光プローブを設計すれば，野外試料中の寄生生物を蛍光顕微鏡により観察できる。藻類に寄生するツボカビに特異的なプローブを設計し，CARD-FISH法により遊走子を染色して計数した結果，従属栄養鞭毛虫として数えられてきたものの5～60%がツボカビ遊走子であることが判明した（Jobard *et al.*, 2010）。

FISH法やCARD-FISH法を用いれば，野外での存在形態や存在場所，宿主を推定することも可能である。例えば，北極海の海水中からメタバーコーディング法で優占的に検出された正体不明の新規ツボカビが，氷の下に存在する珪藻（ice algae）に寄生する種であることが明らかになった（Hassett *et al.*, 2019）。

10.4.4 定量PCR法

対象とする寄生生物の塩基配列に特異的なプローブとプライマーを用いて，定量PCR法により，その生物量を定量的に把握することができる（Maier *et al.*, 2016）。しかし，種や遺伝子型によるDNAコピー数の違いにばらつきがあるため，複数の種や種内系統を扱う場合には注意が必要である。

10.5 感染実験

一般に植物プランクトンに寄生する生物は宿主特異性が高いといわれているが，中には複数の種や遺伝子型（系統）に寄生するものもいる（Kagami *et al.*, 2007, 2020）。宿主特異性は寄生生物の重要な形質の一つであり，野外における

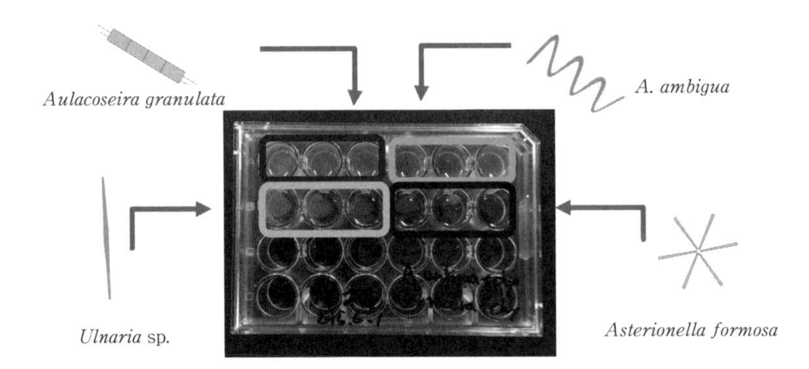

図 10.9 プレート（24穴）を用いた感染実験の様子
3つの穴ごとに同一の宿主を一定密度で入れる。ここでは4種類の珪藻（*Aulacoseira granulata, A. ambigua, Ulnaria* sp., *Asterionella formosa*）について1 mL中に1000細胞もしくはコロニーを含む培養液を1 mLずつ接種した。次に寄生菌類が1 mL中に50胞子含まれる培養液を100 μLずつ全穴に接種し培養した。培養は230 μmoL photons m^{-2} sec^{-1} の光強度で明暗サイクルあり（12時間明12時間暗条件），16℃で行い，培養5日目と14日目に感染されているかを倒立顕微鏡を用いて確認した。

宿主-寄生者関係を正しく理解するうえで欠かせない（Poulin *et al.*, 2011）。例えば，野外試料の観察では両者の関係が一対一に見えても，実際には複数種（遺伝子型）の寄生生物が複数の宿主（種や遺伝子型）に異なる強度で寄生することが感染実験によって明らかになる場合もある（表10.2；De Bruin *et al.*, 2004; Van den Wyngaert *et al.*, 2018）。宿主特異性の高さによって，宿主への影響や寄生生物の成長速度が異なることもある。例えば，宿主特異性の高いツボカビ（スペシャリスト）は複数の宿主に寄生するツボカビ（ジェネラリスト）に比べて宿主への影響力も強く，成長速度も早い（Kagami *et al.*, 2020）。

宿主特異性の高さは，本来の宿主以外の複数種に寄生生物を感染させることで確かめることができる（Kagami *et al.*, 2020）。これは，交差感染実験（cross infection experiment）とよばれる。実験時には，宿主密度による感染率の差が生じないよう宿主となる複数の植物プランクトン種の密度をそろえる（例えば大型の珪藻であれば3000〜5000 cells mL^{-1}）。同一環境下で宿主と寄生者を培養し，一定時間後の寄生の有無と寄生率を調べる。感染実験には，試験管やフラスコを用いてもよいが，試料を分取せずにそのまま観察できる24穴マイクロプレートが便利である（図10.9）。寄生されやすさは，例えば最初の寄生が確認された日（接種後2日，5日，14日後など）と，一定の期間培養し確認できた寄生者の数などで定量的に測ることができる（表10.2）。接種後一定期間（例えば2週間）たっても感染が確認できない場合には，その宿主（遺伝子型）は感染されないとして扱う。ただし，感染が確認できなかった場合でも耐性と断定することはできない。培養条件を変える，長く培養するなどにより感染する可能性はある。さらに，長期間共培養すれば，寄生者が新しい宿主に寄生する適応進化も起こりうる（De Bruin *et al.*, 2008）。

表 10.2 ツボカビの株ごとに 4 つの珪藻に対して行った感染実験の結果（Kagami *et al*., 2020 を改変）

ツボカビは 5 種 8 系統（株），珪藻は 4 種（*Aulacoseira granulata, Au. ambigua, Ulnaria* sp. *Asterionella formosa*）を用いた。感染されやすさを 4 段階で評価した。C1, E1, B4 は宿主特異性が高く一種の珪藻のみに寄生した（スペシャリスト）。一方，他 5 系統（株）は複数の珪藻に寄生した（ジェネラリスト）。

	ツボカビ	系統（株）	本来の宿主	感染する可能性のある珪藻 4 種			
				Au. granulata	*Au. ambigua*	*Ulnaria sp.*	*A. formosa*
A	Rhizophydiales	C3	*Au. granulata*	＋	＋	＋＋	＋
		C4	*Au. granulata*	＋	＋	＋＋	＋
		C10	*Au. granulata*	＋	＋	＋＋	＋
		F12	*Au. granulata*	＋	＋	＋＋	＋
B	Rhizophydiales	D11	*Au. granulata*	＋	＋	＋＋	＋
C	*Zygorhizidium aff. melosirae*	C1	*Au. ambigua*	－	＋＋＋	－	－
D	Rhizophydiales	E1	*Ulnaria* sp.	－	－	＋＋＋	－
E	*Rhizophydium planktonicum*	B4	*Asterionella A. formosa*	－	－	－	＋

＋＋＋　非常に感染されやすい；5 日めに 5 胞子以上の感染が観察された。
＋＋　感染されやすい；5 日目に感染が確認されたが 4 胞子以下。
＋　感染される；2 週間目に感染が確認された。
－　感染されない（耐性）；2 週間目でも感染が確認できなかった。

引用文献

Ahrendt SR, Quandt CA, Ciobanu D, *et al.* (2018) Leveraging single-cell genomics to expand the fungal tree of life. *Nat Microbiol* **3**: 1417–1428

Andersen P, Throndsen J (2004) Estimating cell numbers. In: Hallegraeff GM, Anderson DM, Cembella AD (eds.), Manual on harmful marine microalgae, 99–130. UNESCO

Andersen RA (2005) Algal culturing techniques. Academic Press

Arar EJ, Collins GB (1997) Method 445.0 *In vitro* determination of chlorophyll *a* and pheophytin *a* in marine and freshwater algae by fluorescence. United States Environmental Protection Agency

Azam F, Fenchel T, Field JG, *et al.* (1983) The ecological role of water-column microbes in the sea. *Mar Ecol Prog Ser* **10**: 257–263

Baldauf SL (2003) The deep roots of eukaryotes. *Science* **300**: 1703–1706

Banos S, Gysi, DM, Richter-Heitmann T, *et al.* (2020) Seasonal dynamics of pelagic mycoplanktonic communities: Interplay of taxon abundance, temporal occurrence, and biotic interactions. *Front Microbiol,* **11**: 1305

Banos S, Lentendu G, Kopf A, *et al.* (2018) A comprehensive fungi-specific 18S rRNA gene sequence primer toolkit suited for diverse research issues and sequencing platforms. *BMC Microbiology*, **18**: 190

Barr DJS (1987) Isolation, culture and identification of Chytridiales, Spizellomycetales and Hyphochytriales. *Zoosporic fungi Teach Res* 118–120

Bellinger EG (1977) Seasonal size changes in certain diatoms and their possible significance. *British Phycological Journal*, **12**: 233–239

Bellinger EG, Sigee DC (2015) Freshwater algae: identification, enumeration and use as bioindicators. John Wiley & Sons

Bienfang P (1981) SETCOL- a technologically simple and reliable method for measuring phytoplankton sinking rates. *Can J Fish Aquat Sci* **38**: 1289–1294

Borneman J, Hartin RJ (2000) PCR primers that amplify fungal rRNA genes from environmental samples PCR primers that amplify fungal rRNA genes from environmental samples. *Appl Environ Microbiol* **66**: 4356–4360

Bottrell H, Duncan A, Gliwicz ZM, *et al.* (1976) A review of some problems in zooplankton production studies. *Nor J Zool* **24**: 419–456

Brönmark C, Hansson LA (2005) The biology of lakes and ponds. Oxford University Press

Brookes JD, Ganf GG, Green D, *et al.* (1999) The influence of light and nutrients on buoyancy, filament aggregation and flotation of *Anabaena circinalis*. *J Plankton Res* **21**: 327–341

Canter HM, Lund JWG (1995) Freshwater algae: Their microscopic world explored. Biopress Limited

Carney LT, Lane TW (2014) Parasites in algae mass culture. *Front Microbiol* **5**: 1–8

Cattaneo A, Asioli A, Comoli P, *et al.* (1998) Organisms' response in a chronically polluted lake supports hypothesized link between stress and size. *Limnol Oceanogr* **43**: 1938–1943

Chao A, Chiu C-H, Jost L (2014) Unifying species diversity, phylogenetic diversity, functional diversity, and related similarity and differentiation measures through Hill numbers. *Annu Rev Ecol Evol Syst* **45**: 297-324

Cole JJ, Caraco NF, Kling GW, *et al.* (1994) Carbon dioxide supersaturation in the surface waters of lakes. *Science* **265**: 1568-1570

Connell JH (1978) Diversity in tropical rain forests and coral reefs. *Science* **199**: 1302-1310

De Bruin A, Ibelings BW, Kagami M, *et al.* (2008) Adaptation of the fungal parasite *Zygorhizidium planktonicum* during 200 generations of growth on homogeneous and heterogeneous populations of its host, the diatom *Asterionella formosa*. *J Eukaryot Microbiol* **55**: 69-74

De Bruin A, Ibelings BW, Rijkeboer M, *et al.* (2004) Genetic variation in *Asterionella formosa* (Bacillariophyceae): Is it linked to frequent epidemics of host-specific parasitic fungi? *J Phycol* **40**: 823-830

Elser JJ, Bracken MES, Cleland EE, *et al.* (2007) Global analysis of nitrogen and phosphorus limitation of primary producers in freshwater, marine and terrestrial ecosystems. *Ecol Lett* **10**: 1135-1142

Falkowski PG, Barber RT, Smetacek V (1998) Biogeochemical controls and feedbacks on ocean primary production. *Science* **281**: 200-206

Flöder S, Sommer U (1999) Diversity in planktonic communities: An experimental test of the intermediate disturbance hypothesis. *Limnol Oceanogr* **44**: 1114-1119

Frenken T, Alacid E, Berger SA, *et al.* (2017) Integrating chytrid fungal parasites into plankton ecology: research gaps and needs. *Environ Microbiol* **19**: 3802-3822

Frenken T, Velthuis M, de Senerpont Domis LN, *et al.* (2016) Warming accelerates termination of a phytoplankton spring bloom by fungal parasites. *Glob Chang Biol* **22**: 299-309. https://doi.org/10.1111/gcb.13095

Gachon CMM, Sime-Ngando T, Strittmatter M, *et al.* (2010) Algal diseases: Spotlight on a black box. *Trends Plant Sci* **15**: 633-640

Goldman JC, McCarthy JJ, Peavey, Dwight G (1979) Growth rate influence on the chemical composition of phytoplankton in oceanic waters. *Nature* **279**: 210-215

Goto N, Miyazaki H, Nakamura N, *et al.* (2008) Relationships between electron transport rates determined by pulse amplitude modulated (PAM) chlorophyll fluorescence and photosynthetic rates by traditional and common methods in natural freshwater phytoplankton. *Fundam Appl Limnol für Hydrobiol* **172**: 121-134

Guillard RRL, Lorenzen CJ (1972) Yellow-green algae with chlorophyllide *c 1, 2*. *J Phycol* **8**: 10-14

Hallegraeff GM, Anderson DM, Cembella AD, *et al.* (2004) Manual on harmful marine microalgae. UNESCO

Hama T, Miyazaki T, Ogawa Y, *et al.* (1983) Measurement of photosynthetic production of a marine phytoplankton population using a stable ^{13}C isotope. *Mar Biol* **73**: 31-36

Hargrave BT, Burns NM (1979) Assessment of sediment trap collection efficiency. *Limnol Oceanogr* **24**: 1124-1136

Harrington BJ, Hageage GJ (2003) Calcofluor white: A review of its uses and applications in clinical mycology and parasitology. *Lab Med* **34**: 361-367

Hassett BT, Borrego EJ, Vonnahme TR, *et al.* (2019) Arctic marine fungi: biomass, functional genes, and putative ecological roles. *ISME J* **13**: 1484-1496

Healey FP, Hendzel LL (1980) Physiological indicators of nutrient deficiency in lake phytoplankton. *Can J Fish Aquat Sci* **37**: 442-453

Henley WJ (1993) Measurement and interpretation of photosynthetic light-response curves in algae in the context of photoinhibition and diel changes. *J Phycol* **29**: 729-739

Hessen DO, Van Donk E (1993) Morphological changes in *Scenedesmus* induced by substances released from *Daphnia. Arch fur Hydrobiol* **127**: 129

Hillebrand H, Kirschtel D, Dürselen C, *et al.* (1999) Biovolume calculation for pelagic and benthic microalgae. *J Phycol* **35**: 403-424

Holm-Hansen O, Lorenzen CJ, Holmes RW, *et al.* (1965) Fluorometric determination of chlorophyll. *ICES J Mar Sci* **30**: 3-15

Hopple Jr JS, Vilgalys R (1994) Phylogenetic relationships among coprinoid taxa and allies based on data from restriction site mapping of nuclear rDNA. *Mycologia* **86**: 96-107

Hsieh TC, Ma KH, Chao A (2016) iNEXT: an R package for rarefaction and extrapolation of species diversity (Hill numbers). *Methods Ecol Evol* **7**: 1451-1456

Huisman J, Weissing FJ (1995) Competition for nutrients and light in a mixed water column: A theoretical analysis. **146**: 536-564

Hutchinson GE (1961) The paradox of the plankton. *Am Nat* **95**: 137-145

Interlandi SJ, Kilham SS (2001) Limiting resources and the regulation of diversity in phytoplankton communities. *Ecology* **82**: 1270-1282

Ishida S, Nozaki D, Grossart HP, *et al.* (2015) Novel basal, fungal lineages from freshwater phytoplankton and lake samples. *Environ Microbiol Rep* **7**: 435-441

Iwayama A, Ogura H, Hirama Y, *et al.* (2017) Phytoplankton species abundance in Lake Inba (Japan) from 1986 to 2016. *Ecol Res* **32**: 783-783

Jobard M, Rasconi S, Sime-Ngando T (2010) Diversity and functions of microscopic fungi: A missing component in pelagic food webs. *Aquat Sci* **72**: 255-268

Kagami M, De Bruin A, Ibelings BW, *et al.* (2007) Parasitic chytrids: Their effects on phytoplankton communities and food-web dynamics. *Hydrobiologia* **578**: 113-129

Kagami M, Gurung TB, Yoshida T, *et al.* (2006) To sink or to be lysed? Contrasting fate of two large phytoplankton species in Lake Biwa. *Limnol Oceanogr* **51**: 2775-2786

Kagami M, Hirose Y, Ogura H (2013) Phosphorus and nitrogen limitation of phytoplankton growth in eutrophic Lake Inba, Japan. *Limnology* **14**: 51-58

Kagami M, Motoki Y, Masclaux H, *et al.* (2017) Carbon and nutrients of indigestible pollen are transferred to zooplankton by chytrid fungi. *Freshw Biol* **62**: 954-964

Kagami M, Seto K, Nozaki D, *et al.* (2020), Single dominant diatom can host diverse parasitic fungi with different degree of host specificity. *Limnol Oceanogr*, **9999**: 1-11

Kagami M, Urabe J (2001) Phytoplankton growth rate as a function of cell size: An experimental test in Lake Biwa. *Limnology* **2**:111-117. https://doi.org/10.1007/s102010170006

Kagami M, Van Donk E, De Bruin A, *et al.* (2004) *Daphnia* can protect diatoms from fungal parasitism. *Limnol Oceanogr* **49**: 680-685

Kagami M, Yoshida T, Gurung TB, *et al.* (2002) Direct and indirect effects of zooplankton on algal composition in *in situ* grazing experiments. *Oecologia* **133**: 356-363

Kawabata K, Urabe J (1998) Length-weight relationships of eight freshwater planktonic crustacean species in Japan. *Freshw Biol* **39**: 199-205

Kilham SS, Kreeger DA, Lynn SG, *et al.* (1998) COMBO: a defined freshwater culture medium for algae and zooplankton. *Hydrobiologia* **377**: 147-159

Kim D-S, Watanabe Y (1994) Inhibition of growth and photosynthesis of freshwater phytoplankton by ultraviolet A (UVA) radiation and subsequent recovery from stress. *J Plankton Res* **16**: 1645-

1654

Knoechel R, Kalff J (1978) An *in situ* study of the productivity and population dynamics of five freshwater planktonic diatom species. *Limnol Oceanogr* **23**: 195-218

Lampert W (1994) Phenotypic plasticity of the filter screen in *Daphnia*: adapatation to a low-food environment. *Limnol Oceanogr* **39**: 997-1006

Landry MR, Hassett RP (1982) Estimating the grazing impact of marine micro-zooplankton. *Mar Biol* **67**: 283-288

Leibold MA (1995) The niche concept revisited: Mechanistic models and community context. *Ecology* **76**: 1371-1382

Lindeman RL. (1942) The trophic-dynamic aspect of ecology. *Ecology* **23**: 399-417

Litchman E, Klausmeier CA (2008) Trait-based community ecology of phytoplankton. *Annu Rev Ecol Evol Syst* **39**: 615-639

Lorenzen CJ (1967) Determination of chlorophyll and pheo-pigments: spectrophotometric equations 1. *Limnol Oceanogr* **12**: 343-346

Lund JWG, Kipling C, Le Cren ED (1958) The inverted microscope method of estimating algal numbers and the statistical basis of estimations by counting. *Hydrobiologia* **11**: 143-170

Maier MA, Uchii K, Peterson TD, Kagami M (2016) Evaluation of daphnid grazing on microscopic zoosporic fungi by using comparative threshold cycle quantitative PCR. *Appl Environ Microbiol* **82**: 3868-3874

McAlice BJ (1971) Phytoplankton sampling with the Sedgwick-Rafter cell. *Limnol Oceanogr* **16**: 19-28

Menden-Deuer S, Lessard EJ (2000) Carbon to volume relationships for dinoflagellates, diatoms, and other protist plankton. *Limnol Oceanogr* **45**: 569-579

Müller U, Sengbusch V (1983) Visualization of aquatic fungi (Chytridiales) parasitizing on algae by means of induced fluorescence. *Arch fur Hydrobiol* **97**: 471-485

Nakanishi M, Tezuka Y, Narita T, *et al.* (1992) Phytoplankton primary production and its fate in a pelagic area of Lake Biwa. *Arch Hydrobiol Beih Ergebn Limnol* **35**: 47-67

Nakanishi M, Yamamura N (1984) Seasonal changes in the primary production and chlorophyll *a* amount of sessile algal community in a small mountain stream, Chigonosawa. *Mem Fac Sci Kyoto Univ Ser Biol* **9**: 41-55

Paerl HW, Xu H, McCarthy MJ, *et al.* (2011) Controlling harmful cyanobacterial blooms in a hyper-eutrophic lake (Lake Taihu, China): The need for a dual nutrient (N & P) management strategy. *Water Res* **45**: 1973-1983

Pauly D, Christensen V (1995) Primary production required to sustain global fisheries. *Nature* **374**: 255-257

Pomroy AJ (1984) Direct counting of bacteria preserved with lugol iodine solution. *Appl Environ Microbiol* **47**: 1191-1192

Porter KG (1977) The plant-animal interface in freshwater ecosystems. *Am Sci* **65**: 159-170

Poulin R, Krasnov BR, Mouillot D (2011) Host specificity in phylogenetic and geographic space. *Trends Parasitol* **27**: 355-361

Ptacnik R, Solimini AG, Andersen T, *et al.* (2008) Diversity predicts stability and resource use

efficiency in natural phytoplankton communities. *Proc Natl Acad Sci* **105**: 5134–5138
Reynolds CS (1984) The ecology of freshwater phytoplankton. Cambridge University Press
Reynolds CS, Jaworski GHM (1978) Enumeration of natural *Microcystis* populations. *Br Phycol J* **13**: 267–277
Sakamoto M (1966) Primary production by phytoplankton community in some Japanese lakes and its dependence on lake depth. *Arch Hydrobiol* **62**: 1–28
Scheffer M, Carpenter S, Foley JA, *et al.* (2001) Catastrophic shifts in ecosystems. *Nature* **413**: 591–596
Schindler DE, Carpenter SR, Cole JJ, *et al.* (1997) Influence of food web structure on carbon exchange between lakes and the atmosphere. *Science* **277**: 248–251
Schindler DW (1974) Eutrophication and recovery in experimental lakes: Implications for lake management. *Science* **184**: 897–899
Seto K, Kagami M, Degawa Y (2017). Phylogenetic position of parasitic chytrids on diatoms: characterization of a novel clade in Chytridiomycota. *J Eukaryot Microbiol*, **64**: 383–393
Shimizu Y, Urabe J (2008) Regulation of phosphorus stoichiometry and growth rate of consumers: theoretical and experimental analyses with *Daphnia. Oecologia,* **155**: 21–31
Shurin JB, Abbott RL, Deal MS, *et al.* (2013) Industrial-strength ecology: Trade-offs and opportunities in algal biofuel production. *Ecol Lett* **16**: 1393–1404
Sime-Ngando T, Lefèvre E, Gleason FH (2011) Hidden diversity among aquatic heterotrophic flagellates: Ecological potentials of zoosporic fungi. *Hydrobiologia* **661**: 5–22
Smayda TJ (1978) From phytoplankters to biomass. In: Sournia A (ed.) Phytoplankton manual, 273–279. UNESCO
Smith VH, Sturm BSM, deNoyelles FJ, *et al.* (2010) The ecology of algal biodiesel production. *Trends Ecol Evol* **25**: 301–309
Sommer U (1984) Sedimentation of principal phytoplankton species in Lake Constance (Western Europe). *J Plankton Res* **6**: 14
Sommer U (1995) An experimental test of the intermediate disturbance hypothesis using cultures of marine phytoplankton. *Limnol Oceanogr* **40**: 1271–1277
Sommer U, Adrian R, De Senerpont Domis L, *et al.* (2012) Beyond the plankton ecology group (PEG) model: Mechanisms driving plankton succession. *Annu Rev Ecol Evol Syst* **43**: 429–448
Sommer U, Gliwicz ZM, Lampert WI, *et al.* (1986) The PEG-model of seasonal succession of planktonic events in fresh waters. *Arch fur Hydrobiol* **106**: 433–471
Stein JR (1973) Handbook of phycological methods: Culture methods and growth measurements. Cambridge University Press
Sterner RW (1989) The role of grazers in phytoplankton succession. In: Sommer U (ed.) Plankton ecology: Succession in plankton communities. 107–170. Springer-Verlag
Sterner RW, Elser JJ (2002) Ecological stoichiometry: the biology of elements from molecules to the biosphere. Princeton University Press
Stomp M, Huisman J, Jongh F De, *et al.* (2004) Adaptive divergence in pigment composition promotes phytoplankton biodiversity. *Nature* **432**: 104–107
Strathmann RR (1967) Estimating the organic carbon content of phytoplankton from cell volume or plasma volume 1. *Limnol Oceanogr* **12**: 411–418
Suttle CA (2005) Viruses in the sea. *Nature* **437**: 356–361
Suzuki R, Ishimaru T (1990) An improved method for the determination of phytoplankton chlorophyll using N, N-dimethylformamide. *J Oceanogr Soc Japan* **46**: 190–194

Takamura N, Nakagawa M (2012) Phytoplankton species abundance in Lake Kasumigaura (Japan) monitored monthly or biweekly since 1978. *Ecol Res* **27**: 837

Takamura N, Nakagawa M (2016) Photosynthesis and primary production in Lake Kasumigaura (Japan) monitored monthly since 1981. *Ecol Res* **31**: 287

Talling JF (1957) The phytoplankton population as a compound photosynthetic system. *New Phytol* **56**: 133-149

Tang EPY (1995) The allometry of algal growth rates. *J Plankton Res* **17**: 1325-1335

Throndsen J, Sournia A (1978) Preservation and storage. In: Sournia A (ed.) Phytoplankton manual, 69-74. UNESCO

Tilman D (1977) Resource competition between plankton algae: An experimental and theoretical approach. *Ecology* **58**: 338-348

Tilman D (1982) Resource competition and community structure. Princeton University Press

Tsai CH, Miki T, Chang CW, *et al.* (2014) Phytoplankton functional group dynamics explain species abundance distribution in a directionally changing environment. *Ecology* **95**: 3335-3343

Tsuda A, Takeda S. Saito H, *et al.* (2003) A mesoscale iron enrichment in the western subarctic Pacific induces a large centric diatom bloom. *Science* **300**: 958-961

UNESCO (1966) Determination of photosynthetic pigments in sea-water. UNESCO

Urabe J, Sekino T, Nozaki K, *et al.* (1999) Light, nutrients and primary productivity in Lake Biwa: An evaluation of the current ecosystem situation. *Ecol Res* **14**: 233-242

Urabe J, Togari J, Elser JJ (2003) Stoichiometric impacts of increased carbon dioxide on a planktonic herbivore. *Glob Chang Biol* **9**: 818-825

Utermöhl H. (1958) Zur Vervollkommnung der quantitativen phytoplankton-methodik. *Mitt. Int Ver Theor Angew Limnol* **9**: 1-38

Van den Wyngaert S, Rojas-Jimenez K, Seto K, *et al.* (2018) Diversity and hidden host specificity of chytrids infecting colonial volvocacean algae. *J Eukaryot Microbiol* **65**: 870-881

Vainio EJ, Hantula J (2000) Direct analysis of wood-inhabiting fungi using denaturing gradient gel electrophoresis of amplified ribosomal DNA. *Mycol Res*, **104**: 927-936

Vasselon V, Bouchez A, Rimet F, *et al.* (2018) Avoiding quantification bias in metabarcoding: Application of a cell biovolume correction factor in diatom molecular biomonitoring. *Methods Ecol Evol* **9**: 1060-1069

Verity PG, Robertson CY, Tronzo CR, *et al.* (1992) Relationships between cell volume and the carbon and nitrogen content of marine photosynthetic nanoplankton. *Limnol Oceanogr* **37**: 1434-1446

Vollenweider RA (1968) The scientific basis of lake and stream eutrophication, with particular reference to phosphorus and nitrogen as eutrophication factors. *Organ Econ Coop Dev Paris* **159**:

Wetzel RG, Likens GE (2000) Limnological analyses 3rd ed. Springer New York

White TJ, Burns TD, Lee SB, *et al.* (1990) Amplification and direct sequencing of fungal ribosomal RNA genes for phylogenetics. In: Innis MA, Gelfand DH, Sninsky JJ, White TJ (eds), PCR protocols: A guide to methods and applications, 315-322. Academic Press

Williams OJ, Beckett RE (2016) Marine phytoplankton preservation with Lugol's: a comparison of solutions. *J Appl Phycol*, **28**: 1705-1712

Winder M, Schindler DE (2004) Climate change uncouples trophic interactions in an aquatic ecosystem. *Ecology* **85**: 2100-2106

Wurzbacher C, Larsson E, Bengtsson-Palme J, *et al.* (2019) Introducing ribosomal tandem repeat barcoding for fungi. *Mol Ecol Resour* **19**: 118-127

Yoshida T, Gurung T, Kagami M, *et al.* (2001) Contrasting effects of a cladoceran (*Daphnia galeata*) and a calanoid copepod (*Eodiaptomus japonicus*) on algal and microbial plankton in a Japanese lake, Lake Biwa. *Oecologia* **129**: 602-610

Yoshida T, Hairston Jr NG (2004) Evolutionary trade-off between defence against grazing and competitive ability in a simple unicellular alga, *Chlorella vulgaris*. *Proc R Soc Lond B*, **271**: 1947-1953

Yoshimizu C, Yoshida T, Nakanishi M, *et al.* (2001) Effects of zooplankton on the sinking flux of organic carbon in Lake Biwa. *Limnology* **2**: 37-43

Zhou G, Whong WZ, Ong T, *et al.* (2000). Development of a fungus-specific PCR assay for detecting low-level fungi in an indoor environment. *Mol Cell Probes*, **14**: 339-348

石田祐三郎，杉田治男（2000）海洋環境アセスメントのための微生物実験法．恒星社厚生閣

一瀬諭，若林徹哉，藤原直樹（1999）琵琶湖における植物プランクトン優占種の経年変化と水質．用水と廃水 **41**：582-591

一瀬諭，若林徹哉，松岡泰倫，他（1995）琵琶湖の植物プランクトンの形態に基づく生物量の簡易推定について．滋賀県衛生環境センター所報 **30**：27-35

稲葉重樹・松井宏樹・鏡味麻衣子（2011）鞭毛菌類の多様性と生態系機能．（日本生態学会編）微生物の生態学，71-84，共立出版

今井一郎（2017）有害有毒プランクトンの発生機構と発生防除に関する研究．日本水産学会誌 **83**：314-324

太田洋平，後藤直成，伴修平（2013）クロロフィル蛍光を用いた現場植物プランクトン一次生産力測定法の検討．陸水学雑誌 **74**：173-181

鏡味麻衣子（2012）植物プランクトンの消失過程と生態系機能．（日本生態学会 編）淡水生態学のフロンティア，153-163，共立出版

河地正伸，小亀一弘，川井浩史（2019）植物科学における藻類リソースの魅力について．植物科学最前線 **10**: 110

西條八束（1975）クロロフィルの測定法．日本陸水学雑誌 **36**（3），103-109

西條八束，三田村緒佐武（1995）新編湖沼調査法，講談社サイエンティフィク

外丸祐司（2016）藻類の感染症．（日本生態学会 編）感染症の生態学．159-168，共立出版

長崎慶三，高尾祥丈，白井葉子，他（2005）プランクトンに感染するウイルスに関する分子生態．ウイルス **55**：127-132

仲田崇志（2015）淡水微細藻類の採集と培養株の確立．*Bunrui* **15**：57-65

西澤一俊，千原光雄（1979）藻類研究法．392-399，共立出版

細矢剛，出川洋介，勝本謙（2010）カビ図鑑 野外で探す微生物の不思議．全国農村教育協会

山岸高旺（1999）淡水藻類入門：淡水藻類の形質・種類・観察と研究．内田老鶴圃

山本鎔子（1978）寒天重層法による湖沼中のラン藻溶解性生物因子の測定．陸水学雑誌 **39**：9-14

山本鎔子（1986）藻のパソジーン．（秋山有，有賀祐勝，坂本充 他編）藻類の生態，439-504，内田老鶴圃

渡邉信（2012）藻類ハンドブック．NTS

本シリーズ引用文献

佐々木雄大・小山明日香・小柳知代（2015）生態学フィールド調査法シリーズ 3 植物群集の構造と多様性の解析（占部城太郎・日浦勉・辻和希 編），共立出版

土居秀幸・兵藤不二夫・石川尚人（2016）生態学フィールド調査法シリーズ 6 安定同位体を用いた餌資源・食物網調査法（占部城太郎・日浦勉・辻和希 編），共立出版

東樹宏和（2016）生態学フィールド調査法シリーズ 5 DNA 情報で生態系を読み解く—環境 DNA・大規模群集調査・生態ネットワーク—（占部城太郎・日浦勉・辻和希 編），共立出版
彦坂幸毅（2016）生態学フィールド調査法シリーズ 4 植物の光合成・物質生産の測定とモデリング（占部城太郎・日浦勉・辻和希 編），共立出版

付　録

本書では主に湖沼に出現する植物プランクトンの生態を解明することに焦点を当て，実験方法などを解説している。本書では含めることのできなかった生理生態学的な知見や系統分類，その他実験に有用な方法について，参考となる書籍を紹介する。

植物プランクトンの調査方法・計数方法

Andersen RA（2005）Algal culturing techniques. Academic Press
Bellinger EG, Sigee DC（2015）Freshwater algae: Identification, enumeration and use as bioindicators. John Wiley & Sons
Hallegraeff GM, Anderson DM, Cembella AD, *et al.*（2004）Manual on harmful marine microalgae. UNESCO
Soumia A（1978）Phytoplankton manual. UNESCO
Wetzel RG, Likens GE（2000）Limnological analyses 3rd ed. Spriger New York
河川水辺の国勢調査基本調査マニュアル（Web からダウンロード可 http://www.nilim.go.jp/lab/fbg/ksnkankyo/mizukokuweb/system/manual.htm）
西條八束，三田村緒佐武（1995）新編 湖沼調査法，講談社サイエンティフィク
山岸高旺（1999）淡水藻類入門：淡水藻類の形質・種類・観察と研究．内田老鶴圃

単離培養方法

Andersen RA（2005）Algal culturing techniques. Academic Press
渡邉信（2012）藻類ハンドブック．NTS

分類

一瀬諭，若林徹哉（2008）普及版 やさしい日本の淡水プランクトン図解ハンドブック．合同出版
大村卓朗，Borja VM（2012）Marine phytoplankton of the Western Pacific. Kouseisha Kouseikaku Company, Limited
鏡味麻衣子 編（2016）ときめく微生物図鑑．山と溪谷社
西條八束，三田村緒佐武（1995）新編湖沼調査法，講談社サイエンティフィク
末友靖隆，松山幸彦，上田拓史，他（2018）日本の海産プランクトン図説．共立出版
田中正明（2002）日本淡水産動植物プランクトン図鑑．名古屋大学出版会
月井雄二（2010）淡水微生物図鑑．誠文堂新光社

中山剛，山口晴代（2018）プランクトンハンドブック 淡水編．文一総合出版
南雲保，鈴木秀和，佐藤晋也（2018）珪藻観察図鑑：ガラスの体を持つ不思議な微生物「珪藻」の，生育環境でわかる分類と特徴．誠文堂新光社
日本プランクトン学会（2011）ずかんプランクトン：見ながら学習調べてなっとく．技術評論社
水野寿彦（1977）日本淡水プランクトン図鑑．保育社
渡邉信（2012）藻類ハンドブック．NTS

動物プランクトン

大森信，池田勉（1976）動物プランクトン生態研究法．共立出版（絶版のため入手困難）

索　引

【や】

【ら】

Memorandum

Memorandum

【著者紹介】

鏡味 麻衣子（かがみ まいこ）

2002年　京都大学大学院理学研究科博士後期課程修了
現　在　横浜国立大学大学院環境情報研究院　教授，博士（理学）
専　門　水域生態学
主　著　『湖と池の生物学—生物の適応から群集理論・保全まで—』（翻訳，共立出版，2007）
『微生物の生態学』（編著，共立出版，2011）
『淡水生態学のフロンティア』（編著，共立出版，2012）
『感染症の生態学』（編著，共立出版，2016）
『ときめく微生物図鑑』（監修，山と渓谷社，2016）

生態学フィールド調査法シリーズ 11
Handbook of Methods in Ecological Research 11

植物プランクトン研究法

Handbook of Phytoplankton Research

2021年3月15日　初版1刷発行

検印廃止
NDC 468

ISBN 978-4-320-05759-3

著　者　鏡味麻衣子　Ⓒ 2021
発行者　南條光章
発行所　**共立出版株式会社**
〒112-0006
東京都文京区小日向 4-6-19
電話　(03)3947-2511（代表）
振替口座　00110-2-57035
URL　www.kyoritsu-pub.co.jp

印　刷　精興社
製　本　ブロケード

一般社団法人
自然科学書協会
会員

Printed in Japan